国家级新区
创新生态系统韧性研究

刘 兵 李伟红 刘培琪 等◎著

中国社会科学出版社

图书在版编目（CIP）数据

国家级新区创新生态系统韧性研究 / 刘兵等著. 北京：中国社会科学出版社，2025. 5. -- ISBN 978-7-5227-4850-4

Ⅰ．X321.2

中国国家版本馆 CIP 数据核字第 20254VK864 号

出 版 人	赵剑英
责任编辑	谢欣露
责任校对	周晓东
责任印制	郝美娜
出　　版	中国社会科学出版社
社　　址	北京鼓楼西大街甲 158 号
邮　　编	100720
网　　址	http://www.csspw.cn
发 行 部	010-84083685
门 市 部	010-84029450
经　　销	新华书店及其他书店
印刷装订	北京市十月印刷有限公司
版　　次	2025 年 5 月第 1 版
印　　次	2025 年 5 月第 1 次印刷
开　　本	710×1000　1/16
印　　张	13.25
字　　数	211 千字
定　　价	78.00 元

凡购买中国社会科学出版社图书，如有质量问题请与本社营销中心联系调换

电话：010-84083683

版权所有　侵权必究

序

全球化背景下，区域创新能力已成为国家竞争力的关键要素，而国家级新区作为我国经济转型升级的重要平台，其创新生态系统的健康发展直接关系到国家未来发展方向和经济安全。然而，随着全球环境的不确定性增加，重大突发事件频繁发生，对新区创新生态系统的韧性提出了严峻挑战。如何精准监测新区创新生态系统韧性状态，并科学预测系统韧性的发展趋势，对提升新区创新生态系统的冲击应对能力至关重要，已成为亟须解决的理论与实践问题。本书以新区创新生态系统为研究对象，依据"识别系统韧性特征和脆弱源→设计韧性监测预警体系→针对性设置韧性改进策略"的逻辑，探究重大突发事件引起的新区创新生态系统演化运行新变化；通过识别系统韧性特征，构建新区创新生态系统韧性监测预警体系；将韧性塑造与提升作为治理导向，提出针对性治理策略。本书取得的创新性成果如下。

第一，解析了新区创新生态系统演化运行变化。基于创新生态系统理论，分析了新区创新生态系统的主体及主体间结构关系；通过分析重大突发事件冲击下新区创新生态系统主体变化及主体间关系结构变化，明确了新区创新生态系统演化规律及系统演化的影响因素；通过分析新区创新生态系统脆弱性，识别了系统失衡的关键因素，提出了新区创新生态系统的脆弱性根源。

第二，识别了新区创新生态系统韧性特征。基于演进韧性理论视角，通过筛选案例新区的政策、新闻等相关资料，构建了案例新区新闻文本数据库；基于扎根理论和内容分析法，通过编码分析新区创新生态系统韧性，明晰了新区创新生态系统韧性的内涵特征和表现形式；通过对比分析案例新区创新生态系统韧性情况及影响因素，明确了新区创新生态系统韧性维度特征。

第三，构建了新区创新生态系统韧性监测预警体系。基于新区创新生态系统韧性五维特征，确定了新区创新生态系统韧性的测度指标；基于韧性及各维度内涵特征及测量数据特性，确定了系统韧性及各维度的测算模型，构建了新区创新生态系统韧性监测指标体系；通过构建新区创新生态系统韧性的预警模型，测算分析了案例新区创新生态系统韧性预警状态。

第四，提出了新区创新生态系统韧性治理策略。基于 BP 神经网络方法，通过明确新区系统韧性预测模型的神经网络结构，构建了新区创新生态系统韧性及各维度的预测模型；基于案例新区韧性及维度数据，预测分析了新区创新生态系统韧性未来发展趋势及预警状态；基于对新区历史政策文件的系统分析，评估了不同政策对于新区系统韧性的影响效果；基于新区创新生态系统韧性测算结果及政策影响效果分析，提出了新区创新生态系统韧性治理的针对性策略。

本书从开始着手谋划到出版付梓，历经四年的时间。刘兵教授带领团队，从最初的研究总体框架设计，到成稿的字斟句酌，倾注了大量的心血。李伟红教授负责本书的理论框架构建及指标体系确定，刘培琪博士负责本书的相关实证研究，团队成员梁林研究员、豆士婷博士、许龙副教授、李恩极博士分别参与了各章节的研究工作。感谢刘众、张湘朦、刘元虹、王点点、邵佳春、李若男等研究生在前期调研分析中做出的贡献。

同时本书的顺利出版得到了国家社会科学基金项目（20BGL297）支持，得到了河北省城乡融合发展协同创新中心的大力支持，在此一并感谢！

2024 年 8 月 30 日

于河北省石家庄

目 录

第一章 绪论 …………………………………………………………… 1
 第一节 研究背景和研究意义 ………………………………………… 1
 第二节 研究内容、研究方法及技术路线 …………………………… 3

第二章 国家级新区及相关理论基础概述 …………………………… 6
 第一节 创新生态系统及韧性理论 …………………………………… 6
 第二节 复杂适应系统理论 …………………………………………… 28
 第三节 国家级新区发展历程及成效 ………………………………… 30
 第四节 国家级新区危机治理阶段划分及治理主体 ………………… 38

第三章 国家级新区创新生态系统演化运行变化 …………………… 43
 第一节 国家级新区创新生态系统主体及运行机制 ………………… 43
 第二节 国家级新区创新生态系统演化规律分析 …………………… 52
 第三节 国家级新区创新生态系统脆弱性的根源分析 ……………… 59
 第四节 本章小结 ……………………………………………………… 65

第四章 国家级新区创新生态系统韧性特征识别 …………………… 67
 第一节 研究设计 ……………………………………………………… 67
 第二节 国家级新区创新生态系统韧性特征分析 …………………… 72
 第三节 国家级新区创新生态系统韧性特征因素
    典型案例分析 ………………………………………………… 85
 第四节 本章小结 ……………………………………………………… 96

第五章　国家级新区创新生态系统韧性监测体系构建 …………… 98
　　第一节　国家级新区创新生态系统韧性监测指标选取 ………… 98
　　第二节　国家级新区创新生态系统韧性监测模型构建………… 101
　　第三节　国家级新区创新生态系统韧性指标赋权…………… 104
　　第四节　国家级新区创新生态系统韧性监测实证分析………… 109
　　第五节　本章小结…………………………………………… 113

第六章　国家级新区创新生态系统韧性预警体系构建…………… 114
　　第一节　韧性预警模型构建………………………………… 114
　　第二节　国家级新区创新生态系统韧性预警实证分析………… 117
　　第三节　国家级新区创新生态系统韧性预警结果分析………… 123
　　第四节　本章小结…………………………………………… 125

第七章　国家级新区创新生态系统演化趋势仿真………………… 126
　　第一节　基于BP神经网络仿真预测的适用性 ……………… 126
　　第二节　仿真模型的运用流程……………………………… 128
　　第三节　结果讨论分析……………………………………… 135
　　第四节　本章小结…………………………………………… 155

第八章　国家级新区创新生态系统韧性治理策略………………… 157
　　第一节　国家级新区创新生态系统韧性的治理分析框架……… 157
　　第二节　国家级新区创新生态系统韧性的政策分析过程……… 162
　　第三节　国家级新区创新生态系统韧性提升的政策建议……… 174
　　第四节　本章小结…………………………………………… 176

第九章　研究结论与展望………………………………………… 177
　　第一节　主要研究结论……………………………………… 177
　　第二节　研究不足与展望…………………………………… 179

参考文献……………………………………………………… 180

附　录………………………………………………………… 201

第一章 绪 论

第一节 研究背景和研究意义

一 研究背景

当前中国面临百年未有之大变局，多重挑战叠加。美国对中国技术进行封锁打压，气候和生态环境等全球问题日益严峻，"黑天鹅""灰犀牛"等重大突发事件频发。世界之变、时代之变、历史之变正以前所未有的方式展开。人类又一次站在了历史的十字路口，要密切监测经济运行情况，聚焦这些诸多变化对经济带来的冲击和影响，做好应对各种复杂问题的准备。国家级新区（以下简称新区）承载着中国经济发展与创新的重任，进行新区创新生态系统的有效治理对保障中国经济持续稳定发展具有重要意义。在优化构建新区创新生态系统的过程中，如何将重大突发事件和不确定性的"危"转变为"机"，成为迫切需要解决的问题，具有重要的研究价值。

如何抵御不确定性冲击，并借此机会提升治理能力，打造特色创新生态系统，已成为中国新区亟须解决的现实问题之一。对重大冲击下新区创新生态系统发展问题，我们需要有新思考。①从"事件影响"角度，重大突发事件会引发新区创新生态系统演化过程中哪些新变化，如何应变？需要遵循区域创新生态系统演化规律，根据当前现实情境，梳理系统演化运行过程中的新关系结构，并结合历史经验和新变化，找到关键治理方向；②从"事中处理"角度，如何快速消除重大突发事件带来的不利影响？需要以量化精准治理为目的，设计考虑重大突发事件冲击的新区创新生态系统监测体系，从而预警具有高脆弱性的环节，为设计治理策略提供抓手；③从"事后防御"角度，未来如何预防其他突发事件影响新区创新生态系统？需要基于量化监测结果和趋势预测，谋划政策储备。

在重大突发事件背景下，韧性研究为应对以上问题提供了全新的视角和方法路径。韧性研究的核心在于识别系统的韧性特征，同时找出系统的风险脆弱点，从而在系统遭受外部冲击时，能够有效地进行针对性调整，保持系统的稳定和平衡。具体来说，首先，韧性研究强调"自下而上"的策略，需要深入分析和识别系统内在的韧性特征和可能存在的脆弱源；其次，基于识别出的韧性特征，设计科学的韧性监测预警体系，通过实时监测系统状态及时识别系统风险，为后续的决策提供依据；最后，根据监测和预警结果，针对性地制定和实施改进策略，优化系统的应对措施，增强系统的恢复力和适应力。因此，本书拟借鉴韧性研究思路，解决重大突发事件冲击下如何有效治理新区创新生态系统发展的问题，并将当前新区创新生态系统治理的关键聚焦至建立韧性监测体系，以"识别、监测、预警、预测"相结合的路径，设计实现创新生态系统高质量发展的韧性治理策略，从而应对不确定性冲击，防控可能的不良效应。

二 研究意义

（一）理论意义

一是研究重大突发事件冲击下新区创新生态系统的新特征和内在机制，拓展区域创新生态系统研究领域。

二是从韧性的新视角分析新区创新生态系统的治理策略，体现韧性思维与管理方法的结合。

基于大数据设计量化方案的研究方式有利于引领政策制定由经验探索向量化的转变，丰富韧性在社会生态系统研究中的应用。

（二）现实意义

一是设计可操作的韧性监测预警体系，将为包括新区在内的各类区域，在面临其他重大突发冲击时，提升应变能力提供有益借鉴。

二是基于韧性研究框架设计新区创新生态系统治理策略，既能为构建符合自身需求和发展的新区创新生态系统提供现实指导，也在理念、机制、工具层面启发创新国家治理体系的深化改革。

第二节 研究内容、研究方法及技术路线

一 研究内容

以新区创新生态系统为研究对象，本书将探究重大突发事件引起的新区创新生态系统演化运行新变化；通过识别系统韧性特征，构建新区创新生态系统韧性监测预警体系；将韧性塑造与提升作为治理导向，提出针对性治理策略。

（一）新区创新生态系统演化运行变化解析

重大突发事件冲击下，新区创新生态系统主体及其关系结构的新变化。遵循区域创新生态系统演化规律，新区创新生态系统演化需要政府、企业、科研机构、中介机构、科研团队等多元主体的协同与合作。考虑到我国新区发展阶段不一，拟重点选取浦东、两江、江北、雄安等新区，通过资料收集或实地调研等形式，分析重大突发事件对各类主体的影响，归纳新区主体及其关系结构的新变化，并从协同学视角，构建多元主体之间的关系结构模型。

通过历史经验梳理识别重大突发事件影响下新区创新生态系统的脆弱性根源。梳理历史重大冲击不同阶段的区域创新生态系统的发展走向和治理经验，识别本地相对脆弱的地域、人群、产业、管理机制等因素，从中提炼出关键治理要素，并分析案例地区建设发展中的问题和总结经验教训。

（二）新区创新生态系统韧性分析

1. 界定新区创新生态系统韧性内涵

基于演进韧性，从新区创新生态系统对外部冲击的吸纳、同化、培育和再造等能力层面，构建创新生态系统韧性的概念模型。

2. 明确新区创新生态系统的韧性特征

基于韧性理论，以及对雄安、浦东等新区韧性情况的调研，界定新区创新生态系统的五维韧性特征，即进化性（用于表征系统整体演化过程，是系统受到外部冲击后进行自调整和适应的能力）、缓冲性（用于表征系统受到外部冲击时的应对能力，是系统对于外部风险的反应能力和抵御能力）、流动性（用于表征创新要素流动的频率和速度，是系

统演化的动力源)、冗余性（用于表征系统中多余的或重复的信息，是系统提高安全性和可靠性的手段)、兼容性（用于表征系统与外部环境的匹配程度，是系统在不同条件下正常运行的能力)，并基于科学合理性和可获得性，选取韧性特征的测量指标。

(三) 新区创新生态系统的韧性监测预警体系设计

1. 设计新区创新生态系统韧性监测体系

基于重大突发事件引起的变化、韧性五维特征及测量指标，从进化性（研究与试验发展经费、研究与试验发展人员全时当量、发明专利申请数、高水平论文数)、缓冲性（研究与试验发展经费投入强度、研究与试验发展经费内部支出来自政府的金额、技术市场成交额、新产品研发经费支出)、流动性（资金流动性、货物流动性、信息流动性)、冗余性（自然环境资源、经济资源、教育资源）和兼容性（企业兼容性、人才兼容性）这五个维度，构建创新生态系统韧性监测体系，以韧性值作为制定预防措施的依据，并开展全国新区的数据测算，为新区创新生态系统治理提供精准的量化依据。

2. 构建新区创新生态系统韧性预警模型

在韧性监测体系基础上，为更有效地反映新区创新生态系统存在问题，还需建立基于韧性值的分级分类预警机制。预警模型设计既要考虑韧性五维特征之间的协调水平，也要兼顾各维度独立的发展水平，更要反映出系统韧性动态的变化趋势。

(四) 新区创新生态系统治理策略提出

1. 模拟预测新区创新生态系统受到冲击后的演化趋势

采用 BP 神经网络方法，构建新区创新生态系统韧性及其各维度的预测模型。通过分析新区创新生态系统及各维度的数据特点，明确新区系统韧性预测模型的神经网络结构，以此构建新区创新生态系统韧性及各维度的预测模型，并对系统韧性未来演化趋势进行预测。

2. 提出新区创新生态系统韧性治理策略

通过对历史政策文件和新区发展报告的系统分析，明确创新政策在提升新区创新生态系统韧性中的关键作用，分析评估不同政策对于新区系统韧性的影响效果，针对性提出有效提升新区创新生态系统韧性的政策建议。

二 研究方法

(一) 案例分析法

通过调查获取国内外案例资料，应用内容分析编码的方式，分析国内外典型重大突发事件冲击后区域创新生态系统的发展走向和治理经验，并探索脆弱源，归纳关键治理要素；应用协同学模型，构建政府、企业、高校和社会机构等多元主体的关系结构模型。

(二) 文献分析法

通过系统分析相关文献，提出新区创新生态系统韧性的内涵和五维特征；汇总新区的统计年鉴、相关报告、汇编资料、互联网大数据等数据来源，确定韧性特征的测量指标。

(三) 定量分析法

选取适合的方法分别测量五维韧性特征，即采用香农—威纳指数测量多样性维度，改进突变级数模型测量进化性维度，采用具有速度特征的动态综合评价模型测量流动性维度，采用熵权TOPSIS方法测量缓冲性维度；选取系统耦合协调度模型作为新区创新生态系统韧性监测体系的整体测量方法；借鉴已有的社会系统预警模型，基于新区创新生态系统的韧性值及各维度水平，明确韧性及各维度的安全阈值，并划分预警区间和警示状态。

三 技术路线

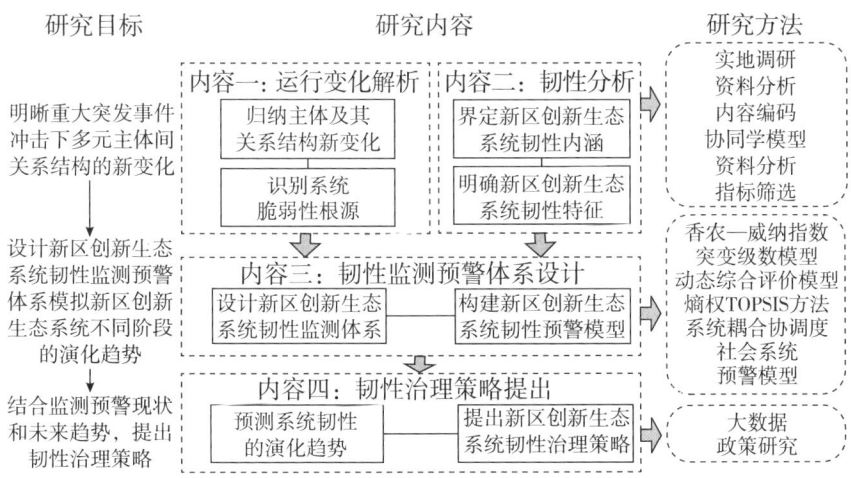

图1-1 技术路线

第二章 国家级新区及相关理论基础概述

第一节 创新生态系统及韧性理论

一 创新生态系统理论

(一) 创新生态系统内涵

创新生态系统是地区经济增长和发展的催化剂,在学术界、产业界以及政府政策制定等方面均占有举足轻重地位,受到广泛的重视和讨论。

1. 国家创新系统的内涵

"创新系统"概念最初在国家层面提出,即国家创新系统(National Innovation System,NIS)。Freeman(1995)首次提出这一概念,并将"国家创新系统"定义为一个由公共部门和私人部门组织构成的网络,各组织通过网络中的互动活动激励和促进新技术的引进、改良和传播。Freeman还提出,创新本质上是一种系统性活动,国家创新系统的核心是由能够创造、保存和传递知识的不同机构所形成的相互关联的网络。不同国家或地区的经济发展水平与其创新系统的健康状况紧密相连,创新系统僵化将导致经济发展受到阻碍。Pavitt(1995)指出,国家创新系统的核心是生产者和用户的交互学习过程。Nelson(2000)则认为,国家创新系统是"相互作用决定国家、企业创新绩效的整套制度"。国家创新系统概念的提出,标志着创新系统观的正式形成。

在深入研究国家创新系统的过程中,越来越多的学者开始意识到,仅从国家层面来分析和理解创新系统存在一定的局限性。国家创新系统无法完全捕捉与技术进步密切相关的交互行为，部分系统主体创新行为往往是在区域层面发生的，区域层面的创新活动更加贴近市场和社会的实际需求，能够更直接地反映出技术创新的动态过程和特点。因此，仅关注国家层面的创新系统，可能会忽视地方或区域层面发生的重要创新活动，从而导致对整个创新生态系统的理解不够全面和深入。此外，一国的区域和产业存在多样性，创新绩效的差异不仅存在于各个国家之间，同样也存在于各个区域之间，国家创新绩效系统的方法更适合于较小的国家（胡宁宁和侯冠宇，2023；田光辉等，2023）。

2. 区域创新系统的内涵

Cooke（1992）首次提出"区域创新系统"概念，这标志着对创新过程理解的一个重大转变——从传统的线性模型转向更为复杂的非线性模型。该学者提出，区域创新系统是一个由地理位置上相互依赖、分工协作的生产企业、研究机构和高等教育机构所构成的网络，它不仅能够促进区域内创新活动，而且有助于支撑区域创新的产生和发展。Cooke等（1997）在进一步研究中深化了区域创新系统概念，指出区域创新系统的思想根源于演化经济学理论，强调企业管理层在社会互动中的学习和创新能力。创新活动的互动不限于企业内部，还扩展至包括大学、金融部门在内的更广泛的社会网络。此外，当不同性质的机构在某一特定区域内频繁地进行交流和合作时，就形成了一个充满活力的区域创新系统。此类系统不仅仅是单个组织的集合，而且是一个动态的、互动的和自我增强的生态，能够促进知识的流动、技术的转移和创新思想的碰撞，从而推动整个区域的经济和社会发展。

在 Cooke 的开创性工作后，区域创新系统的研究逐渐成为学术界的热点话题，学者基于各自的理论框架和研究方法，对此概念进行广泛的阐释和探索。尽管如此，关于区域创新系统的定义，学术界尚未达成一个广泛认同的共识，如：Cooke 等（1997）在区域创新系统研究中，更为强调企业和其他类型组织在特定制度环境中的互动学习的重要性；而 Braczyk（2003）则将区域创新系统比作一个抽象的模型，强调组织元素及其相互联系的重要性，认为区域创新系统是技术创新发展的支撑力量；Asheim 和 Coenen（2006）将区域创新系统视为一个由支撑机构组成的区域集群，包括生产结构和制度基础设施，并提出制度基础设施是区域生产结构中创新的支持力量。此外，部分学者更为关注创新区域系统的内部构成及功能，如：Autio（1998）提出区域创新系统作为基本的社会系统，由多个互动的子系统组成，子系统间的互动产生推动系统演化的知识流；Borri 等（2007）则将区域创新系统视为一个由知识型组织提供支持的区域产业集群；Buesa 等（2006）将区域创新系统定义为公共部门和私营部门之间的网络，该网络通过地域内基础设施相互作用并产生反馈，其目的是适应和促进知识与创新的产生和扩散。

区域创新系统的内涵虽然在学术界中没有统一的定义，但关于区域创新系统内涵的部分特征已基本形成一致观点：①区域创新系统由若干关键要素组成，要素间的相互联系和作用对系统的功能至关重要；②区域创新系统具备一系列特征，包括动态性、自组织性和演化性等（Granstrand and Holgersson，2020；Liu，2022）。

3. 区域创新生态系统的内涵

Tansley（1935）首次提出"生态系统"概念，这为深入理解自然界中生物与环境的复杂关系提供了理论框架。Tansley（1939）还提出生物群落与其生存环境间存在不可分割的联系，该特征在区域创新系统的理论中同样得到体现。在区域创新系统中，不同创新主体不仅拥有其独特的位置和功能，而且创新主体之间的相互作用对整个系统的发展至关重要。按照生态系统的相关研究结论，无论企业、大学、科研机构、政府还是中介机构，都可以被比喻为生态系统中的生命体，共同构成区域创新生态系统的基本单元。不同构成单元按照其属性和功能可进一步聚集成不同的种群，小型种群在系统内部通过相互作用和共同的生态规律，形成更大规模群落。在区域创新系统内部，物质的循环、能量的转换和知识的流动构成复杂而动态的网络，推动着整个区域创新生态系统的演进（刘洪久等，2013）。

受生态系统理论研究成果的影响，区域创新系统领域学者开始尝试借鉴生态学的理念和方法，进行区域创新系统融合研究。黄鲁成（2003a）最早将生态学的视角引入区域创新系统研究，其在研究中提出"区域技术创新生态系统"概念，并将其定义为特定空间内技术创新的组织和环境，通过物质、能量和信息的相互作用活动共同构成的复杂系统。黄鲁成（2003）强调尽管区域创新系统的研究已经涵盖要素的构成和功能,但对于创新行为本身及其生态学影响的研究仍然不足,并提出可采用生态学的理论和方法来深入研究区域技术创新系统,通过比较自然生态系统和区域技术创新系统的组成要素和行为,探讨应用生态学理论和方法研究区域创新系统的可能性,此研究思路为区域创新系统研究与生态学理论和方法的融合奠定基础(黄鲁成,2003)。

通过系统梳理以往关于区域创新系统及区域创新生态系统的研究可知,区域创新生态系统指在特定的时间和空间维度内,由众多创新主体及其所处的创新环境所组成的,通过创新主体与环境间不断进行物质、能量和信息的交换,而形成具备生态系统属性的复杂网络。该网络不是简单的实体集合,而是一个动态发展、自我维持的有机体,各组成部分不断演化和适应,以保持整个系统的生机和创新能力(邹晓东和王凯,2016)。

(二) 区域创新生态系统构成

关于区域创新生态系统构成要素方面的研究,学术界提出多种理论模型,重点在于解释系统构成要素如何在空间和时间上相互联系和作用。当前的研究成果大致可以分为二因素、三因素、四因素和五因素构成模型,分别从不同的角度阐释区域创新生态系统的内部结构,比较有代表性的观点包括以下内容。

Autio(1998)提出双子系统的系统构成模型:一是知识的应用与开发子系统,涵盖企业、消费者、供应商、竞争对手以及行业合作伙伴等多个主体;二是知识的产生与传播子系统,包括致力于知识和技能创造与传播的专业机构,如技术中介、劳动力中介、公共研究和教育机构等。Cooke(2008)对此观点表示赞同,并进一步指出除上述两个子系统,还应考虑到区域创新能力的培育与运用、地方政府制定和执行创新政策之间的密切联系,在上述两个子系统基础上,增设政策子系统以完善整个区域创新生态系统框架。

Aslesen 等(2012)在 Autio 的系统结构模型基础上,进一步进行细化和扩展,提出更为精细的区域创新生态系统要素模型,该系统模型由五个核心组成部分构成:一是负责培育未来创新领军人才的高等教育机构;二是专注于创新知识的生成和技术研发的科学研究机构;三是致力于创新产品的生产和供应的企业集群;四是提供创新活动所需政策和法规支持的政府部门；五是在整个生态系统中发挥桥梁和纽带作用的中介服务机构。此外，Radosevic（2002）通过深入分析中东欧地区的区域创新生态系统，提出包含四个关键要素的模型，并提出区域创新生态系统的构成要素可分为四个层次：第一层次是国家层面要素，涉及支持国家创新体系研究和发展的各种政策和制度；第二层次是行业层面要素，包括技术发展、金融支持、市场特性和需求驱动等因素，此类因素共同构建行业内创新系统；第三层次是区域层面要素，主要包括本地劳动力资源、社会资本和自然资源等；第四层次是微观层面要素，着重于企业与其他机构之间的关系差异，关系差异性对企业竞争力产生重要影响。

根据以往学者研究成果可知，尽管学术界对于区域创新生态系统结构要素构成观点并不一致，但学术界普遍认同完整的区域创新生态系统不仅包含科研机构、企业等创新主体，还包含资源、信息等创新要素，创新主体和创新要素在创新生态系统内部进行持续的动态创新活动，进而构成具有动态演化特性的复杂网络。

在当今社会生态转型的背景下，学术界认识到为实现创新的可持续性，区域创新生态系统构建不仅需要学术研究、企业发展、用户参与和政府支持四类要素，还应重视自然环境的融入。融合自然环境的创新生态系统结构可称为五螺旋模型，该模型强调创新不应追求普遍适用的"最优解"，而应根据各区域的特征寻找最适合的定制化解决方案。因此，"适宜性"原则的核心思想是，创新活动应与当地生态环境、知识结构和社会需求相协调，以此来促进生态和知识的和谐共生，从而实现创新与可持续发展的良性互动。五螺旋模型不仅提供了分析和研究区域创新生态系统的有力工具，更是对当前全球经济社会面临的生态挑战做出的积极回应，通过将创新活动与自然环境的保护紧密相连，展现了全新的、对生态敏感的经济社会发展路径。五螺旋模型的提出，是学术界对于创新生态系统理论的重要拓展，强调在创新过程中考虑生态因素的重要性，并为如何在保护自然环境的同时推动社会经济发展提供新的视角和思路。随着全球对可持续发展目标的不断追求，五螺旋区域创新生态系统模型越来越被重视。

(三) 区域创新生态系统运行规律

区域创新生态系统涵盖地区内所有参与创新过程的主体和环境因素，构成多元化且充满活力的网络。系统的核心在于各创新主体在多种机制影响下与外部环境互动，以及互动关系如何塑造系统的运作模式。系统内部运行机制是理解和优化创新过程的关键，是近年来创新生态系统领域内的研究热点。构建健康的区域创新生态系统，须考虑降低创新过程的风险，合理分配和调配资源，加强企业间的协作，以及在利益分配方面实现公平，同时还需确保与环境的可持续性相协调。合理的区域创新生态系统能够确保系统的平稳运行，促进区域内科技创新的能力提升，同时维护区域经济的协调发展和可持续性。

1. 系统运行机制

在创新生态系统中，系统内部运作机制的多样性和复杂性是发展的关键，系统运行机制主要包含以下方面：

（1）自组织机制

自组织机制指创新生态系统是一个具有自我调整和适应能力的有机体，系统内部各种创新主体，如企业、研究机构和个人等不断与环境互动，交换物质、能量和信息。系统要素的交换不仅促进系统自身结构和功能的优化，且有助于整个系统的有序发展（Groth et al., 2015；Li, 2009）。

（2）耦合机制

耦合机制在创新生态系统中起着至关重要的作用，决定了系统中各创新主体间不仅相互作用，而且通过要素耦合、观念耦合、环境耦合和理念耦合来实现创新的传播和扩散（Davis, 2016）。创新生态系统的耦合机制不仅体现在技术或产品层面，还包括思想和文化层面的融合。

（3）非线性驱动机制

非线性驱动机制是创新生态系统的另一关键部分，强调创新生态系统是一个动态演变的复杂网络，系统中的创新主体通过多层次、多方面的合作和互动，追求共同的利益最大化。系统主体合作不追求单一的利益最大化，而是追求在共享平台实现利益的叠加和增值。系统主体的合作促使创新资源的有效流动和创新成果的转化应用，同时产生复杂的产业联系、要素整合和协同合作的非线性关系，不仅增强系统的动态性，也是系统稳定性的基础（Clarysse et al.，2014；Oh et al.，2016）。

（4）协调机制

协调机制主要由制度协调和市场协调两部分组成。制度协调由政府部门负责，通过战略引导、政策服务和激励措施，促进协同创新的行为，有助于消除地方保护主义和市场分割的障碍，以弥补市场失灵的不足。市场协调机制则是在非均衡状态下，通过市场经济的供求关系和价格机制，实现创新生态系统的自我调节和平衡，使创新生态系统能够在动态变化的环境中保持活力和适应性。

学者对区域创新生态系统演化周期和操作层次进行划分，并针对不同的阶段和层次设计运作机制。根据现有文献进行梳理，结合生命周期理论，可将区域创新生态系统的演化周期分为构建阶段、成长阶段、成熟阶段以及变革阶段四个阶段，不同发展阶段起主导作用的运作机制也不同。

2. 演化阶段

（1）构建阶段

该阶段动力机制和资源整合机制发挥着核心作用。动力机制涵盖创新文化的推动、政府政策的指导、中介机构的支持服务，以及用户需求的引领，促进创新生态系统的形成和发展（詹志华和王豪儒，2018）。资源整合机制则关注于协同创新生态系统内部的资源整合，包括人力、资金、物资、信息和技术等，以实现创新资源在各创新主体间的高效共享（张利飞，2009）。

（2）成长阶段

该阶段主要由复制机制、变异机制和重组机制来推动。复制机制依赖于借鉴和学习现有创新生态系统的成功模式，并将其与自身条件相结合进行应用。变异机制描述创新生态系统在发展过程中可能出现的构成要素和特性的变化。变异可能对系统的持续发展产生积极影响，或导致系统的衰败和解体。重组机制涉及创新生态系统内部构成要素的新组合方式和关系的调整，是由内部或外部因素独立或共同作用的结果（刘志峰，2010）。

（3）成熟阶段

该阶段系统结构已经基本形成，各参与主体能够有效履行其功能，为确保创新生态系统的变异和重组能够正向发展，促进系统的良性进化，定期进行绩效评估至关重要。定期绩效评估有助于精准地识别系统内潜在的风险点，从而采取预防措施。因此，该阶段科学的评价机制的构建，对于系统的平稳运行具有关键作用，是监控和指导创新生态系统健康发展的重要工具（郝向举和薛琳，2018；汤临佳等，2019；杨玉桢和李姗，2019）。

（4）变革阶段

该阶段系统的创新主体已具备聚集创新资源和与其他主体协同合作的能力，耦合机制和竞合机制成为创新主体在区域创新生态中构建自身创新能量场的关键驱动力。耦合机制和竞合机制的构建，不仅有助于促进创新主体间的互动，还能够加强整个生态系统的动态平衡（包宇航和于丽英，2017）。创新生态系统与自然生态系统类似，具备自我调节和自我恢复的能力，在系统的整个生命周期中稳定机制对于维持系统的稳定性至关重要（黄鲁成，2003c）。除耦合机制和竞合机制外，冗余度调节、抵抗力调节和恢复力调节等功能，共同确保创新生态系统在遭受外部干扰时，能够保持或迅速恢复到稳定状态，从而保护系统的功能和结构不受损害。

（四）区域创新生态系统评价体系

1. 区域创新生态系统的健康度评价

系统健康性是衡量区域创新生态系统对外界重大突发事件的应对能力和系统功能运转状态的重要指标，是系统管理的核心目标。通过对其进行深入分析，不仅能够更加全面地描绘创新系统的整体状况，还能够识别出系统中的弱点，并据此采取针对性的改进措施。以往学术界关于系统健康度的评价研究较为丰富，所采用的评价视角和评价方法具有较大差别，较多学者从生态学视角进行系统健康度的评价，如：黄鲁成等（2007）基于生态学相关理论内容，以高新区创新生态系统为研究对象，构建高新区系统健康度评价模型；苗红和黄鲁成（2008）进一步开展生态视角下的健康度评价，并定义区域技术创新生态系统的健康概念和评估方法，并对苏州科技园区进行系统健康性的评估。

在已有评价方法基础上，学者尝试从系统内容、结构及风险抵御角度出发进行系统健康度评价的研究。刘学理和王兴元（2011）在高科技产业迅猛发展的经济背景下，基于系统构建和维护，创新性地提出利用模糊综合评价法构建技术创新风险评估模型，该模型在济南高新技术产业开发区的实际案例中证明其实用性和有效性。进一步地，李福和曾国屏（2015）在分析系统运行过程的基础上，对系统健康度进行更进一步探讨，提出系统的健康运行依赖于两组动力的协同作用：一是生存机制，包括共生力和平衡力，确保系统的稳定性和持续性；二是发展机制，由组织力和生长力构成，推动系统的进化和成长。基于该理论框架，构建"四轮驱动"的健康评估模型，为评价创新生态系统的活力和潜力提供新的视角和工具。与此同时，许晶荣等（2016）对创新生态系统的评价方法进行扩展，构建协同创新生态的评价指标体系，并通过运用多层次模糊综合评价法，分析"世界水谷"创新生态系统的健康状况，为该领域的政策制定者和管理者提供决策支持，促进该区域创新能力的提升和可持续发展。

近年来，学者尝试在以往学术成果基础上，更精准分析系统健康度的内容维度及发展趋势。胡中韬（2019）在其研究中，基于内容分析提出区域创新生态系统健康度的七个维度，涵盖2010—2015年我国各省市创新生态系统的健康水平，并揭示健康度在不同维度上的演化趋势。进一步，张贵等（2018）从生态视角出发，构建产业系统健康性评价指标体系，涵盖生存和发展两个关键维度，并通过运用突变级数法进行实证分析。姚艳虹等（2019）则专注于产业集群健康度，通过构建健康度评价指标体系进行评估，并基于评估结果提出改善产业集群健康度的对策建议。

还有学者尝试探究多阶段视角下的系统健康度评价研究。顾桂芳和胡恩华（2020）致力于构建一个多阶段健康度评价模型及相应的评价指标体系，其评价模型不仅考虑系统的整体健康状况，还对不同阶段的健康度进行分层评估，通过确定各层级指标的权重，更加准确地反映系统在不同阶段的健康状况。该方法的优势在于能够细化评估指标，使评价结果更具可操作性和指导性。范德成和谷晓梅（2021）的研究侧重于根据系统不同进化阶段的发展需求，构建健康度评价指标体系。该研究强调不同阶段的系统发展具有不同的特点和需求，评价指标应相应地进行调整和优化，并采用改进的熵值DEMATEL-ISM组合方法，以全面评价系统的健康度，更精准地识别出系统发展中存在的问题和"瓶颈"，并提出相应的改进措施，为评价系统健康度提供更为系统化和综合化的方法。

2. 区域创新生态系统的生态位适宜度评价

区域创新生态系统的生态位适宜度是指在创新活动过程中，各主体所需的最佳资源位与区域创新环境所提供的实际资源位之间的贴近程度，反映创新主体与其所处环境之间的匹配程度，对创新活动的开展具有重要意义（刘钒等，2019）。生态位适宜度值的大小直接反映现实资源位与最佳资源位之间的接近程度，生态位适宜度值较大，意味着现实资源位与最佳资源位之间的接近程度较高，从而有利于创新活动的有效开展。反之，生态位适宜度值较小，则说明现实资源位与最佳资源位之间的匹配程度较低，不利于创新主体充分发挥创新活动的潜力。在区域创新生态系统中，生态位适宜度反映系统的整体健康状况，并为改善创新环境和促进创新活动提供重要参考。因此，对生态位适宜度的研究不仅有助于理解创新生态系统的运行机制，还有助于制定相应的政策和措施，推动创新生态系统的可持续发展。

覃荔荔等（2011）在区域创新生态系统评价模型中首次引入"生态位适宜度"概念。借鉴二阶缓冲算子概念，减弱系统数据受冲击扰动的影响程度，从而构建综合生态位适宜度模型。该模型通过对绝对生态位适宜度模型进行改进，为区域创新系统可持续性的评估提供新的思路和方法。苌千里（2012）在覃荔荔等的研究基础上对适宜度模型进行进一步优化，通过引入进化动量表达式的概念和计算方法，用于进行不同地区整体适宜度的横向比较，以及分析不同生态因子的适宜度提升空间。该成果有效提高了模型的准确性和适用性。郭燕青等（2015）在前人研究的基础上引入加权弱化缓冲算子，旨在弱化系统外部环境资源和时间因素对系统数据的干扰，同时，还引入生态位优先模型，明确生态因子对系统内部环境资源的利用和占有。

近年来，学术界持续对生态位适宜度评价的研究方法进行改进。姚远等（2016）提出基于 π-OWA 算子的赋权方法，通过考虑生态因子之间的关联性和重要性，为评价生态位适宜度提供一种新的途径和思路。孙丽文和李跃（2017）的研究着眼于生态位重叠现象，对区域创新生态系统的竞合演化进行深入研究，不仅对京津冀地区的创新生态系统进行详细解释，还对生态系统内部的竞争机制进行探讨，为理解创新生态系统内部动态变化提供新的视角。而来雪晴（2021）的研究则对生态位适宜度模型进行适当的修正，并利用实证测算分析区域性系统生态位适宜度水平，有效提高生态位适宜度模型的准确性和适用性。甄美荣等（2020）通过测算高新区生态位适宜度水平，并通过对生态位适宜度因子的探讨和分析，揭示影响高新区经济绩效的关键因素，为高新区的可持续发展提供重要的指导意义。武翠和谭清美（2021）在测算生态位适宜度水平基础上，进一步结合中介效应分析，实证研究区域创新生态系统生态位适宜度如何促进生产性服务业与制造业之间的协同集聚，以及协同集聚驱动创新的关键因素，为理解区域创新生态系统的复杂性提供新的视角，并为促进区域经济的协同发展提供策略建议。

3. 区域创新绩效评价

区域创新绩效评价，是立足区域发展客观实际，运用一定的评价方法、量化指标及评价标准，对区域创新体系的运行状况以及所确定的绩效目标的实现程度进行的综合性评价，可以有针对性地找到系统存在的问题并提出优化意见，进而提升区域创新体系的创新绩效。

有关创新生态系统评价包含多个方面，其中区域创新绩效评价，是基于区域创新系统理论，结合生态学指标进行的。吴雷（2009）基于生态学理论，全面考虑经济效益、环境效益及社会效益，最终利用数据包络分析方法对黑龙江省生态技术创新效益进行评价分析。Fritsch（2002）基于知识生产函数，计算欧洲11个地区的创新效率。Zabala-Iturriagagoitia等（2007）基于数据包络方法，测量并比较欧洲区域创新系统绩效。基于此，刘志华等（2014）从绩效评价的角度，构建区域科技协同创新绩效评价指标体系，并依据指标体系多层次及指标值模糊性和随机性特点，提出基于云理论的区域科技协同创新绩效评价模型。随后，廉玉金（2018）构建区域创新体系创新绩效的评价指标体系，并运用二阶段 DEA 方法对我国 30 个地区 2004—2008 年的区域创新体系的创新绩效进行实证分析。张永安等（2018）运用改进的两阶段动态网络 DEA 模型，将科技创新政策发布后各地区创新行为分为两阶段，并基于虚拟前沿面来挖掘提升创新效率以及科技创新政策绩效的因素，并提出政策建议。赵炎和武晨（2018）从区域创新系统的耗散结构特征出发，通过建立区域创新系统运行绩效评价指标体系和熵变模型，实证分析上海市区域创新系统的运行状况。进一步，姜庆国（2018）采用模糊层次分析法，构建中国省域创新生态系统评价指标体系，利用面板数据分析我国省级层面创新生态系统绩效的发展趋势。王展昭和唐朝阳（2020）从全局的视角，分别构建区域创新系统的结构绩效评价模型和功能绩效评价模型，在"结构—功能"二维分析框架下，对我国各省市的创新系统绩效进行动态评价。

4. 其他视角

关于区域创新生态系统评价的研究，除涉及健康度评价、区域适宜度评价、区域创新绩效评价外，还有关于共生性评价、创新能力评价、系统效能评价、系统韧性评价等方面的研究。

在共生性评价方面，张小燕和李晓娣（2020）基于 Lotka-Volterra 模型，构建共生关系指数与共生水平指数模型，利用我国内地 30 个省份相关数据，对我国区域创新生态系统共生性进行分类评价并提出优化对策。在创新能力评价方面，Rond 和 Hussler（2005）通过建立知识生产方程，对法国的 94 个区域进行对比评价，并认为企业的地理邻近对于知识溢出和知识流动具有促进作用。在系统效能评价方面，万立军等（2016）认为技术创新生态系统效能取决于技术创新环境、技术创新主体、技术创新资源、技术创新绩效四个方面，并运用网络层次分析法（ANP）对各项指标赋权，并对黑龙江省 8 个资源型城市的技术创新生态系统效能进行评价分析。在系统韧性评价方面，梁林等（2020）基于韧性视角识别出包括多样性、流动性、缓冲性、进化性在内的四维韧性特征，构建新区创新生态系统的韧性监测体系和预警模型，并对 2015—2017 年 16 个新区创新生态系统进行韧性监测和预警的实证分析。

（五）区域创新生态系统演化

1. 区域创新生态系统演化理论梳理

（1）产业集聚理论与区域创新生态系统演化

产业集聚理论是区域创新生态系统演化的重要理论基础之一，产业集聚理论认为，企业在某一特定区域集聚而产生的外部性和规模经济是促进区域发展的重要动力（Ellison et al.，2010）。随着新经济地理学的发展，产业集聚理论得到进一步发展。新经济地理学认为，产业集聚通过知识溢出效应、人力资源流动和基础设施共享等方式形成规模报酬递增效应，通过不完全竞争为区域创新提供充足的资金来源（McCann and Van Oort，2019）。产业集聚理论从空间集聚的视角分析区域内不同创新主体之间的互动关系和创新动力（Potter and Watts，2011）。产业集聚理论对区域创新生态系统演化的作用与解释主要包含以下内容：首先，产业集聚理论强调区域创新生态系统的邻近性特征，即区域内创新主体之间的地理、社会、认知和制度等多种形式的邻近，有利于知识的流动、共享和创造，促进区域创新能力的提升（李晓娣等，2023；杨博旭等，2023）；其次，产业集聚理论揭示了区域创新生态系统的多样性特征，即区域内创新主体的多元化、异质化和互补性，有利于满足不同的客户需求，提供多种技术解决方案，激发创新活动的活力和创造性（Shen and Peng，2021）；再次，产业集聚理论展现了区域创新生态系统的自组织特征，即区域内创新主体通过自发的合作、竞争、学习和模仿等方式，形成了复杂的创新网络和创新链，实现了资源的优化配置和价值的共创；最后，产业集聚理论明晰了区域创新生态系统的开放性特征，即区域内创新主体不仅与本地的其他创新主体进行互动，也与外部的其他区域、国家和全球的创新主体进行连接，获取更多的创新资源和机会，拓展创新的视野和范围。

（2）区域创新网络理论与区域创新生态系统演化

区域创新网络理论对区域创新生态系统演化的作用与解释主要包含以下内容：首先，区域创新网络理论强调区域内不同创新主体之间的互动关系和动态演化，为区域创新生态系统的研究提供新的视角和理论基础（Schoonmaker and Carayannis，2010）；其次，区域创新网络理论揭示了区域内不同创新主体之间的联系和互动是区域创新的重要动力，有助于促进区域创新能力的提升；最后，区域创新网络理论强调创新生态系统的共同价值主张自组织系统，有助于构建区域创新生态系统的理论框架和政策制定。

（3）区域创新系统理论与区域创新生态系统演化

区域创新系统理论主要关注区域内不同主体之间的合作关系，分析主体之间的网络变化以及核心企业对区域创新的促进作用（Asheim et al.，2011；Stuck et al.，2016）。区域创新系统是指某一特定区域内的开放系统,由地理位置上相对集中、互相联系的利益相关多元主体共同参与组成,以技术创新和制度创新为导向、以横向联络为特征(Asheim et al.,2016)。区域创新系统理论强调区域内不同创新主体之间的互动关系和制度环境的作用,以及区域创新能力和竞争力的形成和提升。区域创新系统理论揭示了区域创新的社会属性和系统性,以及区域创新主体、网络、学习和相互作用等构成要素的重要性,运用系统观和演化观分析区域创新生态系统的形成、发展和变化的动力机制和路径,以及区域创新生态系统的类型和特点(Liu and Chen,2003)。区域创新系统理论强调在政策制定过程中,要把握区域创新生态系统的演化阶段和特征,优化区域创新生态系统的内部结构和外部环境,促进区域创新生态系统的有机融合和协调发展。

2. 区域创新生态系统演化规律

(1) 多元主体协同发展

区域创新生态系统的演化需要政府、企业、科研机构等多元主体的协同与合作,主体之间的协同发展是区域创新生态系统演化的重要规律(Suorsa,2014;储节旺和李振延,2023)。首先,政府在区域创新生态系统中扮演着重要的角色,政府可以制定有利于创新发展的政策,如税收优惠、资金支持等,以鼓励企业和科研机构的创新活动;其次,企业是区域创新生态系统中最重要的主体之一,企业可以提供市场需求和技术支持,为科研机构和科研团队提供创新的动力;最后,科研机构是区域创新生态系统中的重要组成部分,科研机构可以提供前沿技术和研究成果,为企业和科研团队提供技术支持。

(2) 创新要素互动融合

区域创新生态系统的演化需要各种创新要素的互动融合,如技术、人才、资本等,创新要素之间的互动融合是区域创新生态系统演化的重要规律(D'Allura et al.,2012)。首先,技术创新是区域创新生态系统中的核心要素,技术创新的实现需要各种创新要素的互动融合(杨力等,2023);其次,人才是区域创新生态系统中的关键要素,人才的引进和培养是技术创新的重要保障,政府主体可通过制定人才政策吸引和培养各类人才,企业可以通过提供良好的工作环境和薪酬待遇吸引和留住人才,科研机构也可以通过与企业合作为企业提供人才支持

(Asheim et al.,2020);最后,资本是区域创新生态系统中的重要支撑要素,资本的投入可以为技术创新和产业升级提供必要的资金支持,政府主体可以通过制定资本政策,如税收优惠、资金支持等,鼓励企业和投资机构的投资活动(廖凯诚等,2022)。企业主体也可以通过自身的融资活动,为技术创新和产业升级提供资金支持。

(3)创新环境优化

创新环境优化对于区域创新生态系统的演化具有至关重要的作用。首先,创新环境优化通过提供有利于创新活动的外部条件,为创新要素的流动和共享创造有利条件,成为推动区域创新生态系统演化的基础;其次,政策环境和法律环境的优化为创新活动提供必要的支持和保障,确保创新活动能够在稳定和可预测的外部环境中进行(Lau and Lo,2015;陈邑早等,2022);最后,环境因素的综合优化,不仅提高创新效率和创新质量,而且为区域创新生态系统的持续演化和成熟提供强大动力,对于区域经济的长期发展和社会进步具有深远的影响(张峰等,2023)。

(4)创新能力提升

创新能力提升是推动区域创新生态系统演化的核心动力。首先,技术创新能力作为区域创新的核心,不仅涉及新产品和新服务的开发,还包括新工艺和新方法的应用,是推动区域经济发展和产业结构优化的关键因素(Andersson and Karlsson,2006);其次,管理创新能力作为技术创新的重要支撑,涵盖创新过程中的组织管理、战略规划和资源配置等方面,确保创新活动的有效性和效率(王寅等,2024);最后,组织创新能力是管理创新的重要保障,关注构建一个促进知识分享、学习和协作的组织文化和结构,从而为持续创新奠定坚实的基础(王海军等,2024)。因此,创新能力提升不仅是区域创新生态系统演化的必然趋势,更是实现技术进步、产业升级以及经济效益和社会效益提升的关键路径。

(5)创新成果转化

创新成果转化是区域创新生态系统演化过程中的关键环节,不仅推动了技术创新和产业升级,而且对提升经济效益和社会效益起到至关重要的作用(Pino and Ortega,2018)。首先,技术成果转化是区域创新的核心动力,通过将研发成果转化为实际产品和服务,直接推动技术进步和产业发展;其次,管理成果转化则为技术创新提供重要支撑,包括优化创新流程、提高资源配置效率以及增强组织运营能力等方面;最后,组织成果转化保障了管理创新的实施,通过建立创新友好的组织文化和结构,促进知识共享和团队协作,从而为创新成果的持续转化奠定坚实基础,创新成果的转化应用不仅是区域创新生态系统演化的必然趋势,更是推动区域经济社会全面发展的关键因素(Fernandes et al.,2021)。

(6)创新生态系统的可持续发展

创新生态系统的可持续发展是推动区域创新生态系统不断演化和成熟的核心动力。首先,可持续发展的创新生态系统展现出一种稳定性,稳定性通过不断的创新活动和创新要素的有序流动来实现,确保系统在变化中的连续性和一致性;其次,创新生态系统具备强大的适应性,能够在面对外部环境的各种变化时,通过灵活调整内部结构和功能来维持其活力和效率,从而保持长期的发展动力;最后,通过促进创新要素的流动和共享,可持续发展的创新生态系统不仅提高区域系统内部的创新效率,同时还提升区域系统创新质量,创新质量的提升为整个区域创新生态系统的演化和成长奠定坚实的基础,是创新生态系统长期繁荣的关键(Sadabadi et al.,2022)。

二 韧性理论

(一)韧性理论相关研究进展

韧性(resilience)源起于物理学科,经19世纪工业化兴起后广泛应用于机械工程领域,用来形容金属受到外力发生形变之后恢复原样的能力,与刚性和弹性相关联,刚性指受力后不发生任何形变,弹性指受力后恢复原状或断裂,韧性指发生形变适应变化但不断裂(Ray and Shaw,2018)。由于20世纪70年代引入生态学中,韧性被用以形容生态系统的稳定程度,即自然生态系统在遭受自然或人为冲击后恢复正常状态所需要的时间长度(Holling,1973)。20世纪90年代以后,韧性概念逐渐从自然生态领域被引入人类生态领域,用以探索个体或系统在经历外部冲击或扰动后恢复到原始状态的能力与过程。

对"resilience"的翻译主要有"韧性"和"弹性"两种(蔡建明等,2012;关皓明等,2018;胡晓辉和张文忠,2018;李彤玥等,

2014；彭翀等，2015）。但是，学者逐渐意识到，将"resilience"译为"弹性"存在一定的不足之处。首先，经济学中弹性（elasticity）由英国近代经济学家马歇尔（Marshall）提出，指供给变量或者需求变量对其某种决定性因素变化的反应程度，将"resilience"译为"弹性"容易和经济学上的弹性（elasticity）概念造成混淆；其次，"弹性"过于强调系统在受到冲击过后的回弹、恢复的过程，在对"resilience"的概念内涵上的反映不够全面（孙久文和孙翔宇，2017），物理学中韧性表示材料变形时吸收能量的能力，韧性越强发生脆性断裂的可能性越小，抗冲击强度越大，将"resilience"译为"韧性"更能准确反映研究的中心内涵。

从19世纪中叶至今，韧性的演进经历了工程韧性、生态韧性和演进韧性三个阶段。其中，工程韧性、生态韧性是基于均衡论视角，演进韧性基于演化论视角。工程韧性是最传统且应用最广泛的认知韧性观点，强调的是特定区域在经历外部危机后恢复到均衡态的速度，或经历危机时维持稳定态的能力（Fingleton et al.，2012）。换言之，区域存在特定的单一健康均衡稳态，工程韧性能够确保该区域在遭受外部冲击时保持自身稳定，即便波动也能快速恢复稳态。此时，区域作为复杂系统，其结果和功能绝不会发生根本性改变。工程韧性越强，意味着其恢复速度越快，越能够保持自身的稳定状态。

生态韧性源于生态学领域，为凸显系统结构与功能的稳定状态，其被界定为在受到外部冲击后系统从一个均衡稳态改变为另一个均衡稳态的过程。显然，生态韧性修正了工程韧性仅存在单一健康均衡稳态的观点，提出系统可以存在多种均衡稳态模式，当冲击超过系统能够承受的最大阈值时，便能够使系统跨过"回弹门槛"，引导系统脱离原本的均衡状态而转入新的均衡状态。该均衡状态可能优于原本的均衡状态，也可能低于原本的均衡状态。同时，生态韧性比工程韧性更加强调系统在面对冲击时的不同表现，韧性高的系统在冲击过后通过快速整合自身资源，从而获得持续高速的发展，而韧性较低的系统往往不能适应冲击带来的影响，最终走向衰退（陈梦远，2017）。

演进韧性是在生态韧性基础上引入心理学知识拓展而来，也被称为适应韧性，用以刻画个体在经受外部压力、创伤等干扰后恢复健康心理状态的能力与速度。演进韧性持有与工程韧性和生态韧性不同的观点，认为系统具备非均衡演化特征，是不断演化的过程，并不存在一个绝对的均衡状态。

(二) 韧性评价相关研究进展

当前，在对韧性程度进行评价时，主要采用的方法包括指标评价法、核心变量测算法、遥感模型评价、韧性网络评价、函数模型评价法、阈值法、韧性成熟的模型 RMM、情景分析法等。其中，前两种方法的使用范围更为广泛。

指标评价法是开展韧性评价研究中最为常见的方法，常被用于对经济韧性、城市韧性等的评价测算。该方法基于对所研究概念的理论内涵解析，实现对"韧性"这一概念的分析，从而明确测量指标、权重等后，综合测算韧性值。最初，Briguglio 构建一揽子指标体系对经济韧性开展测度，这一方法后被地方经济战略重心 (CLES)、奥雅纳工程顾问 (ARUP)、IPPR North 等智库在探索区域经济韧性的研究领域中广泛使用。指标评价法计算过程相对简单，容易操作 (赵瑞东等，2020)，但也存在以下缺点：首先，无论是经济韧性或者是城市韧性，在指标体系的构建上都没有达成一致的认识，因此，构建的指标体系差异较大 (李连刚等，2019)；其次，在指标权重的测算方法上尚且没有公认的方法；再次，在构建测量指标体系时往往存在因果混淆现象，会为确保部分指标能够系呈现韧性高低水平，而放松对要素之间逻辑关系的要求；最后，采用已有研究构建的指标体系法来预测另一研究对象的韧性时，往往存在与实践结果不符而使测度结果准确性受到质疑的问题 (孙久文和孙翔宇，2017)。

核心变量测算法通常是选择一个或几个核心指标来表示韧性能力，该方法在经济韧性的测量中应用广泛。以恢复力和抵抗力对经济韧性进行理解和测量是当下的主流观点之一，其中恢复力理解为经济系统抵御冲击扰动，并维系自身结构和功能的能力；抵抗力理解为经济系统通过迅速而多样的相应措施，来应对冲击的能力 (Hassink，2010)。Martin (2012) 开创性地提出选择两个核心变量的方法，将危机冲击期地区就业情况的变化代表恢复力，将地区就业人数变化与国家层面就业人数变化之比代表抵抗力，从而对经济韧性进行测量。Lagravinese (2015) 和

Faggian 等（2018）对抵抗力指数进行修正，克服最初测量方法中符号不一致性的问题。Oliva 和 Lazzeretti（2018）在此基础上对抵抗力和恢复力的测度进行再次修正，使用 GDP 指标对抵抗力进行测度，使用经济变化率对恢复力进行测度，该种方法在经济韧性测度上受到广泛运用。曾冰（2021）参考该方法，从抵抗力和恢复力两个方面对重大突发事件冲击下我国省域经济韧性水平进行评价。除基于恢复力和抵抗力两个角度外，将中国宏观经济韧性分为两部分，从受到冲击时系统风险吸收的"大小"和风险吸收的"速度"，即风险吸收强度和风险吸收持续期两个角度去进行韧性能力的测量（刘晓星等，2021）。

（三）韧性评价在社会生态系统治理中的应用

为拓展社会生态系统治理的研究方法与范式，学者将韧性研究的思想引进社会生态系统治理的研究当中，演化出城市韧性、区域经济韧性等新范畴，体现了社会生态系统治理高质高效的新诉求。

1. 城市韧性

城市韧性是社会生态系统治理中韧性研究的典型代表之一。不同学者和机构因为研究视角的不同，在城市韧性的概念理解上有些许差别。总体来说，城市韧性是将韧性这一概念拓展至城市和区域层面，探索城市和区域系统在受到外部干扰的情况下，通过合理有效的应对措施与缓冲手段实现公共安全、社会秩序与经济发展等方面的存续、适应、发展的能力（李亚和翟国方，2017）。对城市韧性而言，其经济系统、社会系统、制度系统、生态系统、基础设施系统等是构成其复杂耦合性的关键所在（赵瑞东等，2020）。

早期的城市韧性更加关注灾害风险治理。在 2001 年"9·11"事件、2005 年卡特丽娜飓风事件后，城市韧性的研究逐渐引起政府及学者重视，这是探索韧性城市理论的现实基础（邵亦文和徐江，2015）。针对这一议题，倡导地区可持续发展国际理事会（ICLEI）于 2002 年正式提出"韧性城市"这一概念。2005 年在日本兵库县举办的第二届世界减灾会议通过《兵库宣言》，再次强调"韧性"在灾害治理中的重要作用。随着研究的不断进展，"城市韧性"的概念与理论也逐渐被应用在生态、灾害、经济、城市规划等多领域（孙亚南和尤晓彤，2021）。2013 年"全球 100 韧性城市"项目，2016 年联合国《新城市议程》，北京、上海等大型城市对加强城市韧性的强调，2019年浙江大学设立我国首个城市韧性研究中心等诸多事件，均表明城市韧性的研究与应用受到国内外政策制定者与学者的广泛重视。在地理学视角的基础上，国内外对韧性城市的研究主要集中在演化经济地理、区域韧性评估、时空分异测度等方面（许振宇等，2021）。

城市韧性研究的基础在于对城市韧性水平进行量化评价。其中，评价方法主要包括指标体系法、遥感模型法和韧性网络法等，通常根据评价的目标选择适当的方法。构建评价指标体系是学者关注的焦点内容。Cutter等（2014）构建社会、经济、基础设施、机构和环境五大维度共27项评价指标。陈晓红等（2020）分别从经济、社会、生态、工程韧性等维度构建城市群韧性评价指标体系。

2. 区域经济韧性

区域经济韧性在社会生态系统韧性研究中占有重要地位。该领域的研究可大致分为两个阶段：第一阶段是概念形成与起步阶段（2002—2010年）。最初，经济韧性指经济系统受到冲击后的恢复能力。随着全球化的推进以及国际金融危机的爆发，学术界及产业界发现区域经济系统变化具有非线性特点，区域经济系统风险不断增加。传统区域经济研究范式已经不足以满足需求，无法对变化莫测的经济形式进行有效解释。同时，学者发现，在遭受冲击后部分地区经济系统能够快速恢复，而部分地区的经济系统却走向衰败。第二阶段是探索研究阶段2011年至今。该阶段关于区域经济韧性实证方面的研究大量涌现，学者大多通过定量的方法对区域经济韧性进行测量。同城市韧性研究类似，区域经济韧性的定义同样存在争议，但总体来说，区域经济韧性的内涵可概括为四个方面：一是经济系统抵御和吸收冲击的能力；二是冲击后经济系统恢复的速度和程度；三是冲击后经济系统适应新的外部环境的能力；四是经济系统持续转型和创新的能力（孙久文和孙翔宇，2017）。

区域经济韧性的测算方法主要有两种：一是综合指标评价法；二是核心变量法。在反映区域经济韧性的指标体系构建方面，由于第二阶段经济学范式的引入，出现大量使用综合指标评价法的定量研究，但是由于研究者学科分支不同，研究兴趣各异，区域经济韧性的评价指标体系没有形成广泛的认同。张秀艳等（2021）从我国区域经济韧性的特点出发,从经济发展、创新发展、金融发展三个维度建立指标体系对区域经济韧性进行测度。程翔等(2020)从抵御能力、恢复能力、再组织能力和创新能力方面建立经济韧性评价体系。

3. 韧性评价

韧性评价是连通理论与实际的桥梁,通过建立综合指标体系和评价模型等诸多方法,计算出反映一个系统韧性的具体数值。韧性评价主要解决以下四方面的问题。

(1)时间演进

时间演进是指在计算出的具体韧性值的基础上,分析系统韧性水平在时间上的动态变化。常用的方法有折线图(陈晓红等,2020;王倩等,2020)和核密度估计法(鲁飞宇等,2021;王倩等,2020)。折线图法近似于描述性统计,只是将计算出来的韧性值通过图形的方式展现,研究系统韧性的时间变化特征和趋势。核密度估计法立足于样本数据的本身特征,通过研究数据分布的非参数估计方法绘制核密度分布图,从而对系统韧性的时序演进特征进行研究。

(2)空间特征

对系统韧性的空间特征分析可以分为两大方向。

①对空间分布的研究。孙阳等(2017)将长三角地级城市韧性度评价分为生态环境、市政设施、经济和社会发展四个方面,并采用GIS的空间分析和叠加功能,分别从以上四个方面绘制韧性分布图,并观察四个方面的因子对韧性的影响情况。孙才志和孟程程(2020)将韧性与水资源效率相结合,通过ArcGIS软件,绘制水资源效率和韧性发展协调度空间分布图。孙亚南和尤晓彤(2021)将城市韧性分为低度韧性、中度韧性和高度韧性三种水平,并通过绘制江苏省城市各维度韧性分布图,得出城市韧性建设仍然存在很大的进步空间结论。

②对空间交互关系的分析。该方向包括全局自相关检验和空间局部相关性检验。孙亚南和尤晓彤(2021)通过全局空间相关系数Moran's I指数,证明了地理距离和经济距离下城市韧性的正向空间相关性。在此基础上进一步得到Moran散点图,进行局部相关性检验,得到城市韧性空间分布与空间特征相似、经济水平相当和地理距离相近的地区存在相互作用关系的结论。胡霄等(2021)同样通过全局Moran's I和局部

Moran's I 指数测度韧性的空间自相关性，反映了乡村韧性的聚集状态和相关程度，并进一步判断乡村韧性聚集的具体位置。

（3）影响因素研究

对系统韧性影响因素的研究便于探究韧性系统差异的原因，为韧性治理提供理论支持。常见的方法有多元回归（王倩等，2020；张明斗和冯晓青，2018）、地理探测器（陈晓红等，2020；齐昕等，2019）、Tobit 空间滞后模型（鲁飞宇等，2021）、模糊集定性比较分析法（fsQCA）（杨伟等，2022）。①多元回归是相对简单的方式之一。张明斗和冯晓青（2018）通过多元回归的方式，探测城市韧性度的影响因素，结果表明，基本公共服务水平、基础设施水平等四个因素对全国城市韧性度均有正向促进作用。②地理探测器对于解释空间分异性以及其内在因素方面有重要作用。陈晓红等（2020）通过地理探测器模型，来探测各指标对哈长城市群城市韧性空间差异性的解释力度大小，结果表明，经济恢复力、外贸依存度、工资收入等八个因素对城市韧性空间差异性影响较大（陈晓红等，2020）。③Tobit 空间滞后模型是针对空间相关性问题的影响因素研究方法。鲁飞宇等（2021）通过 Tobit 空间滞后模型研究长三角工业韧性的影响因素，结果表明，工业经济结构、区域金融环境、政府公共服务、区域外贸依存度均会对长三角工业韧性产生巨大影响（鲁飞宇等，2021）。④模糊集定性比较分析法可以更好地处理多重并发因果关系。杨伟等（2022）则使用定性比较分析（fsQCA）的方法对治理利基组态对数字创新生态系统韧性的影响进行研究。

（4）未来趋势预测

通过已有的韧性数据，采用一定的模型和方法，对系统韧性的未来发展趋势进行预测，以便针对未来趋势及时做出反应和判断。BP 神经网络模型和系统动力学的方法是韧性趋势预测时较为常用的方法。陈晓红等（2020）通过三层 BP 神经网络预测模型，使用 Matlab 软件，通过哈长城市群城市韧性 2010—2018 年数据，对 2020—2030 年城市韧性进行动态模拟分析，对城市韧性等级变化趋势及城市韧性水平空间发展趋势线进行预测。研究表明，2020—2030 年哈长城市群的城市韧性发展缓慢，东西方向和南北方向上城市韧性存在明显空间差异，韧性程度逐渐降低。杨秀平等（2020）利用系统动力学的理论，构建城市旅游环境系统韧性的仿真模型，根据实际数据计算甘肃省 2008—2017 年实际城市旅游环境系统韧性，并通过仿真的方式模拟出 2018—2025 年数值及变化趋势，为提升城市旅游环境系统韧性提出相应对策。

第二节　复杂适应系统理论

一　复杂适应系统理论内容

John Holland 在 1994 年首次提出复杂适应系统理论（Complex Adaptive System，CAS）。该理论作为复杂性科学的分支之一，采用进化观点看待复杂系统并形成较为完整的知识体系。复杂系统中的个体元素是系统内的能动主体（agent），这些主体具有较强的主动性和目的性，为实现自身目标而不断激发活力和适应环境。这种与外部环境及其他主体的积极互动、广泛交互的过程，帮助主体不断学习和积累经验，进而以此对自身的结构与行为开展调整与重构。换言之，复杂系统理论之所以复杂，在于对主体能动性、学习性和适应性的强调，是因为主体、环境及其他主体的复杂互动、动态调整使整个系统处于不断地发展与进化状态，三者及其关系也在不断变化着（Tesfatsion，2003）。

在此基础上，复杂适应系统理论中强调四个主体特征，分别是主体的聚集性（Aggregation）、非线性（Nonlinearity）、流动性（Flows）和多样性（Diversity），这些个体特征在复杂系统中不断进化、适应并调整。同时，复杂适应系统理论还指出主体与环境交互的三个机制，包括标识（Tagging）、内部模型（Internal Models）和积木（Building Blocks）机制。

刺激—反应模型（Stimulus-response Models）是复杂系统理论中用以刻画不同主体在不同时刻对外部环境的反应方式，在建立宏观与微观联系的同时，解释系统从简单到复杂的具体过程与演化机制。

这一模型由探测器集合（Detector）、规则集合（If/Then）和效应集合（Effect）三个部分构成。其中，探测器集合是主体用以感知外部信息、接收外部信息的重要部件；规则集合是主体处理外部输入信息并将其转化为输出信息的具体方式，是刺激—反应模型的内部模型和具体规则；效应集合强调的是能动主体按照既定规则对输入信息进行转化后输出的具体形态,是其作用于环境的具体能力。具体机制如图 2-1 所示。

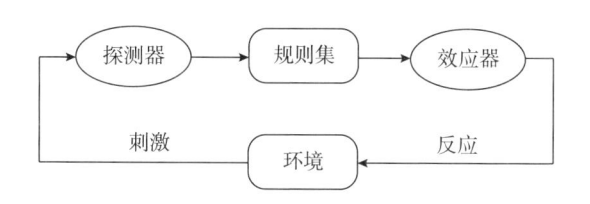

图 2-1 刺激—反应模型

资料来源:Tesfatsion Leigh,"Agent-Based Computational Economics:Modeling Economies as Complex Adaptive Systems",*Information Sciences*,Vol. 149,No. 4,2003,pp. 262-268.

二 基于复杂适应系统理论的新区创新生态系统

创新生态系统是典型的复杂适应系统(CAS),具有多样性、竞争性、动态性、耦合性与开放性等特征(Markose,2004),是多样性能动主体在交互过程中形成的以创新主体为节点、各创新主体之间的耦合关联为纽带的复杂适应系统。复杂适应系统理论认为世界是由不断适应的系统组成的。因此,复杂性产生于系统内部以及系统与环境之间元素的相互关系、相互作用和相互连接。从系统总是适应不断变化的环境这一意义上说,系统与环境之间没有二分法。相反,这个系统与所有其他相关系统紧密相连,构成一个生态系统。在这样的背景下,变化被视为与所有其他相关系统的共同进化,而不是适应一个单独的和独特的环境(Martin and Sunley,2006)。

区域经济具有非线性和非平衡动态的特征,沿着未知终点的开放式发展轨迹进化和移动(Hudson,2010)。这种非线性产生了路径依赖或相互作用的局部规则,这意味着结果的演变是该地区自身历史的结果,以及宏观层面结构或行为模式内生地、自发地从经济主体及其环境的微观层面相互作用中产生的涌现要素(Martin and Sunley,2012)。简而言之,区域经济是"复杂性的奇迹",同时以秩序和复杂性为特征,并受到经济主体(企业、家庭、治理主体)及其不断变化的经济环境的动态互动的影响(Bristow and Healy,2018)。

创新是区域经济体的一种关键适应行为,区域经济体由不断学习和适应环境的主体组成,即使在没有重大冲击和干扰的情况下也是如此(Martin and Sunley,2007)。因此,外部环境及其变化是自组织的关键,也是经济主体以何种方式适应生存的关键。与生物系统相比较,经济系统和人类系统的核心特征在于能够有意识地获取、运用并创新知识。经济行为主体在实施新的计划以获得新能源或增加对旧能源的开发方面是积极主动的,也是被动的。因此,创造力和创新在系统动力学中发挥着不可或缺的作用,实际上可以被视为复杂系统的"进化燃料"。然而,这意味着创新能力的概念更广泛,即它不仅包括技术发展,而且包括如何利用和应用创新来实现持续的适应性变化,如如何利用现有资源以及组织结构和战略方面的变化。

简单的因果关系不太可能在复杂系统的动力学中成立,复杂的反馈循环正在发挥作用(Bristow and Healy,2018)。有证据表明,创新和经济增长之间的关系是非线性的(D'Agostino and Scarlato,2015)。此外,适应性周期模型既没有解释每个适应阶段的原因,也没有考虑到不断学习和适应的区域经济体的组成机构所强调的 CAS 思维。值得注意的是,对于韧性的概念,经济冲击可以改变可能性的组合或改变适应面。成功的企业与不成功的企业的区别在于它们对不断变化的环境作出反应的能力不同,或者利用环境和环境已经变化这一事实的能力不同。

第三节　国家级新区发展历程及成效

一　国家级新区发展历程

(一) 国家级新区定义与特征

国家级新区是经由国务院统一规划和审批的综合功能区域,在承担国家战略发展的基础上肩负着区域经济支撑、产业示范等职能,被赋予先行先试权,同时享有特殊的优惠政策。新区具有以下特征:从行政管理角度而言,新区的规划审批及发展定位由国务院根据国家整体发展战略统一确定,新区的管理权限超越其所在城市级别。从功能定位角度而言,新区担负着国家战略层面的发展任务,是国家经济发展的核心增长极,并对区域经济发展具有促进和引领作用,其创新改革涉及经济、社会、文化、生态等各方面。总体而言,新区是综合国际竞争背景与中国宏观经济发展形势下设立的，核心任务是通过新区自身的全面创新发展，对周边地区发展形成示范作用，辐射带动所在省市的整体发展水平，并协调推动国家及区域发展战略的顺利实施。

(二) 国家级新区发展阶段

自1992年上海浦东新区设立以来，国务院共批准设立19个新区，从设立时间及功能定位角度，新区的发展历程大致可分为探索期、实验期、成熟期和深化期四个阶段，新区的基本情况如表2-1所示。

表2-1　　　　　　　　　新区基本情况

新区名称	设立时间	规划面积（平方千米）	目标定位
上海浦东新区	1992.10	1210	科学发展的先行区，综合改革的试验区
天津滨海新区	2006.05	2270	北方对外开放门户，北方国际航运中心和国际物流中心
重庆两江新区	2010.05	1200	同城城乡综合配套改革试验先行区，内陆地区对外开放的重要门户
舟山群岛新区	2011.06	1440	海洋综合开放试验区，中国陆海统筹发展先行区
甘肃兰州新区	2012.08	806	西北地区重要的经济增长极
广州南沙新区	2012.09	803	粤港澳优质生活圈和新型城市化典范
陕西西咸新区	2014.01	882	西部大开发的新引擎，中国特色新型城镇化的范例
贵州贵安新区	2014.01	1795	西部地区重要的经济增长极，内陆开放型经济新高地
青岛西海岸新区	2014.06	2096	海洋经济国际合作先导区，陆海统筹发展试验区
大连金普新区	2014.06	2299	面向东北亚的战略高地，引领东北全面振兴的增长极
四川天府新区	2014.10	1578	内陆开放经济高地，统筹城乡一体化发展示范区
湖南湘江新区	2015.04	490	促进中部地区崛起，长江经济带内陆开放高地
南京江北新区	2015.06	788	自主创新先导区，新型城镇化示范区
福建福州新区	2015.08	800	两岸交流合作重要承载区，东南沿海重要现代产业基地
云南滇中新区	2015.09	482	面向南亚东南亚辐射中心的重要支点，云南桥头堡建设重要经济增长极
哈尔滨新区	2015.12	493	中俄全面合作重要承载区，东北地区新的经济增长极

续表

新区名称	设立时间	规划面积（平方千米）	目标定位
长春新区	2016.02	499	新一轮东北振兴的重要引擎
江西赣江新区	2016.06	465	中部地区崛起和推动长江经济带发展的重要支点
河北雄安新区	2017.04	1770	北京非首都功能集中承载地

资料来源：根据国家统计局数据绘制。

1. 探索期（1990—2009年）

改革开放以来，以深圳为代表的经济特区的设立，对东南沿海的经济快速发展形成强大动力。而作为中国经济中心的上海，自改革开放至1990年，其生产总值占全国的比重由7.48%降至4.19%，并且呈现持续下降趋势，为有效激发上海及长三角地区的经济活力，国家提出设立浦东新区。天津作为华北经济中心城市，其经济增速呈现逐渐下降趋势，1990—2005年，天津地区生产总值在京津冀区域的比重由18.21%下降至17.88%，1999年一度低于17.00%。为刺激天津的经济发展，增强华北区域经济竞争优势，同时改善中国经济发展中所呈现的"南快北慢"问题，国务院于2006年批准设立滨海新区。上海和天津均为东部沿海地区直辖市，具备对外开放的地理优势，同时具有推动新一轮大规模对外开放的潜力，有利于促进中国对外开放趋势由南向北拓展。

2. 实验期（2010—2013年）

进入21世纪以来，随着西部大开发、振兴东北等国家战略的提出，中国经济发展由东部引领发展逐渐转变为东西均衡发展的态势，且西部地区的经济增速逐步呈现超越东部地区的趋势。2008年，受国际金融危机的影响，东部沿海地区开放型经济发展面临较大困难，经济增速同步放缓，西部地区的经济增速全面超越东部地区，东部地区产业发展亟须进行转移和激活，在此背景下中国陆续设立两江新区和兰州新区。与此同时，为进一步推进海洋强国战略的实施，促进珠三角地区经济产业转型，中国陆续设立舟山群岛新区和南沙新区，新区布局不仅仅局限于直辖市，新区目标定位也更为多元化，有助于西部大开发、东北振兴等国家层面区域协调发展战略的进一步推进。

3. 成熟期（2014—2016 年）

2014 年以来，中国经济发展进入重要战略机遇期，不仅要应对复杂多变的国际竞争环境，还要稳定国内繁重的改革发展任务，需要根据经济发展新常态的规律及要求，持续优化经济结构，促进经济发展的动力转化。在此背景下，为挖掘新的经济增长优势，培养新的经济增长极，中国在继续实施西部大开发、东北振兴等国家战略的基础上，进一步提出"一带一路"倡议等。为融合和承接国家层面重大战略发展的需求，此时期借鉴前两个时期的新区发展经验，在以往 6 个新区的基础上，进一步设立西咸、贵安等 12 个新区，新区的区位布局得到进一步拓展，所承载的区域协调发展、扩大开放等历史使命更为重要。

4. 深化期（2017 年至今）

截至 2017 年，从国家功能战略布局和地理区位布局角度，我国新区的设立均趋向于科学化和合理化。为更深入布局环首都区域发展，2017 年国务院批复设立雄安新区。学者基于新区功能定位角度考虑，将雄安新区称为新城型新区，说明雄安新区的功能定位与以往的新区存在较大差异。从政治经济功能定位角度而言，雄安新区承载了承接北京非首都功能的任务，需要承接科研机构、高校、医疗单位、事业单位等，同时利用张北地区北京冬奥会等发展契机，共同推动河北省全面发展的两翼经济提升，形成助推京津冀协同发展的驱动力。从城市发展定位角度而言，雄安新区承担了探索新型城市发展模式的任务，通过在教育、生态、交通、科研等各方面进行全面网络化布局，形成一种绿色、健康、可持续的城市发展模式。

二 国家级新区建设成效

（一）经济实力显著增强

2014—2019 年各新区（不含雄安新区）的地区生产总值[①]如图 2-2 所示，各新区地区生产总值占所在省（市）比重如表 2-2 所示。由图 2-2 可知，2014—2019 年，各新区的地区生产总值基本呈现稳步增长趋势。根据统计结果，除雄安新区外的新区生产总值总量由 27317 亿元提升至 45864 亿元。由此可见，新区的成立与经济发展状况

---

① 本部分数据来源于各年国家级新区研究报告，该报告 2020 年后不再发布。

良好，为中国经济总量的提升作出突出贡献，新区对于地区经济的发展同样具有显著带动和引领作用。浦东新区和滨海新区的生产总值处于领先位置，各年均高于5000亿元，两江新区、舟山群岛新区、南沙新区、西海岸新区、天府新区、湘江新区、江北新区和福州新区的生产总值均处于1000亿—3000亿元。浦东新区和滨海新区的生产总值占所在市生产总值的比重均高于30.00%，两江新区的生产总值占所在市生产总值的比重高于10.00%。以上数据说明，新区的建立对所在省市的经济提升具有较大的引领作用。

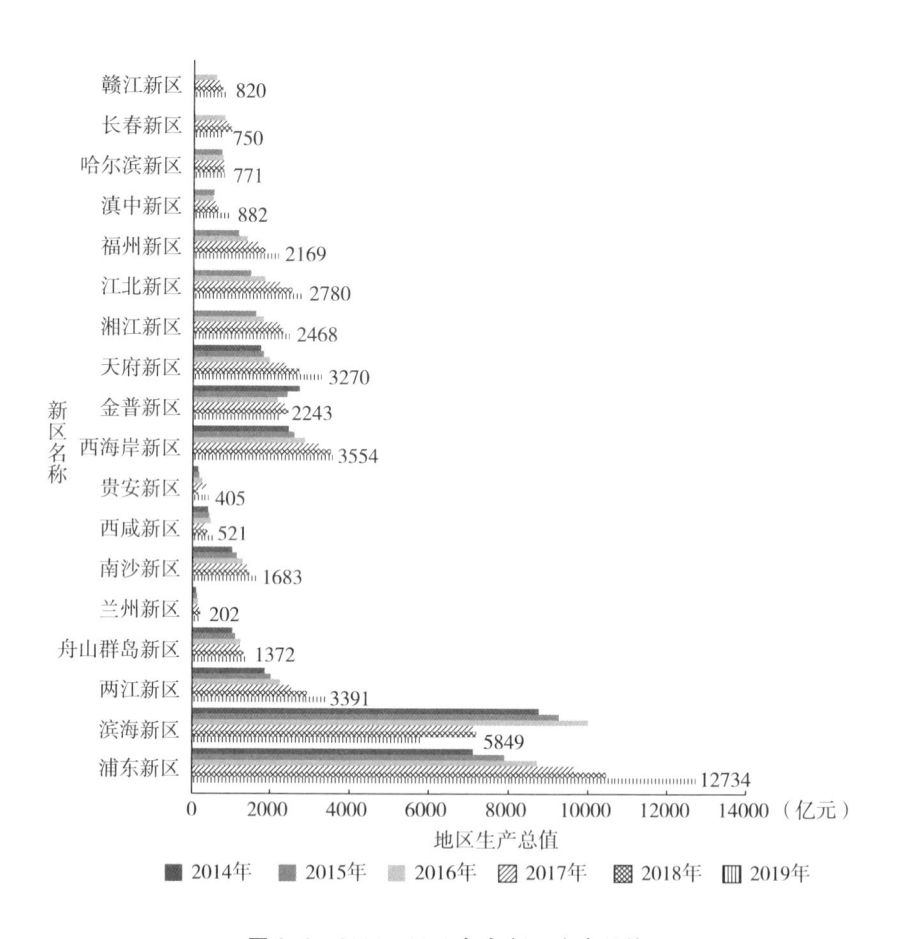

图 2-2　2014—2019 年各新区生产总值

资料来源：根据国家统计局数据绘制。

表 2-2　　2014—2019 年各新区生产总值占所在省（市）比重　　单位：%

新区名称	比重					
	2014 年	2015 年	2016 年	2017 年	2018 年	2019 年
浦东新区	30.20	31.60	31.80	31.40	32.00	29.40
滨海新区	55.70	56.10	55.90	37.60	38.20	41.50
两江新区	13.00	13.00	12.90	12.80	14.40	13.80
舟山群岛新区	2.50	2.60	2.60	2.60	2.30	2.30
兰州新区	1.40	1.80	2.10	6.90	2.50	2.50
南沙新区	1.50	1.60	1.60	1.60	1.50	1.60
西咸新区	2.30	2.40	2.50	3.90	1.60	0.90
贵安新区	1.50	1.60	2.10	2.60	0.90	1.60
西海岸新区	4.10	4.10	4.30	4.40	4.60	5.30
金普新区	10.00	8.40	9.90	9.20	9.60	10.30
天府新区	6.10	6.00	6.00	5.70	6.70	6.70
湘江新区	—	5.50	5.80	6.40	6.30	6.00
江北新区	—	2.10	2.40	2.60	2.70	2.80
福州新区	—	4.40	4.80	4.80	5.10	5.10
滇中新区	—	4.00	3.40	3.50	3.50	3.50
哈尔滨新区	—	4.80	4.90	5.00	4.70	4.80
长春新区	—	—	5.30	5.40	6.40	5.00
赣江新区	—	—	3.20	3.00	3.30	3.20

资料来源：根据国家统计局数据绘制。

（二）空间格局持续优化

新区在国家重大战略布局及区域经济战略布局过程中发挥引领示范作用，从"四大板块"战略视角来说，中国发展战略先后历经优先发展东部沿海地区战略、区域重大战略和区域协调发展战略的变化，新区的设立同样呈现由东向西，再向中部及东北地区延伸的趋势（冯烽，2021；谢果等，2021a）。新区设立路径使四大板块的新区布局更为优化合理，体现了中国国家战略的发展导向，对承载我国国家战略使命和推动区域经济均衡化发展具有重要意义（杨龙，2021；周霞等，2021）。从"三大支撑带"战略视角来说，2015 年政府工作报告中首次提出

"三大支撑带"战略,与"四大板块"战略形成战略组合。从新区的分布来看,7个新区分布于"一带一路"沿线,9个新区设立于长江经济带,滨海新区和雄安新区位于京津冀协同发展战略经济带,新区的设立对进一步开放中国服务贸易水平,扩大自由贸易区网络具有关键引领作用,有助于解决板块划分带来的区域联系分割问题,能够有效促进板块间融合发展,对我国区域经济均衡发展形成有力的助推作用(王璇和邻艳丽,2021)。

(三)产业结构不断优化

新区的产业结构调整总体目标是,通过各产业部门的协调配合,进行可利用资源的合理优化配置,促使新区经济向可持续化、绿色化方向发展,同时改善人民物质文化生活水平(胡哲力,2020;柳天恩等,2019)。我国新区的产业结构总体来说向高端化、集约化和特色化方向发展(陈珍珍等,2021),各新区的第三产业在地区生产总值中所占比重均呈现逐步增长趋势,且多个新区的第三产业在地区生产总值中所占比重超过50.00%。2019年各新区三次产业比重如表2-3所示。由表2-3可知,浦东新区和两江新区的第三产业比重分别为77.30%和68.40%,舟山群岛新区、南沙新区等7个新区的第三产业比重均超过50.00%,说明我国新区的产业重心在向高新技术产业和服务业转移。其中,浦东新区的第三产业比重由1990年的20.10%到2014年的67.00%,再到2019年的77.30%,产业结构优化效果显著,为上海地区的经济和社会发展提供有力支撑。各新区利用自身优势大力发展特色主导产业,如南沙新区的企业制造业,西海岸新区的海洋及海工装备产业,滨海新区的信息技术产业及生物医药产业等。

表2-3　　　　　　　　2019年各新区三次产业比重　　　　　　　单位:%

新区名称	第一产业	第二产业	第三产业
浦东新区	0.20	22.50	77.30
滨海新区	0.20	51.80	48.10
两江新区	0.50	31.10	68.40
舟山群岛新区	10.70	34.70	54.70
兰州新区	0.80	49.30	49.90

续表

新区名称	第一产业	第二产业	第三产业
南沙新区	3.30	42.10	54.60
西咸新区	3.60	61.80	34.60
贵安新区	9.00	35.60	55.50
西海岸新区	2.20	38.10	59.70
金普新区	3.30	60.00	36.70
天府新区	2.40	41.50	36.10
湘江新区	2.30	45.60	52.10
江北新区	0.40	56.40	43.20
福州新区	5.2	61.4	33.4
滇中新区	5.2	48.7	46.2
哈尔滨新区	0.4	48.1	51.6
长春新区	0.1	72.3	27.6
赣江新区	2.8	64.0	33.2

资料来源：根据国家统计局数据绘制。

三 国家级新区面临的机遇和挑战

（一）面临新形势新机遇

随着新一轮科技革命的兴起，各国全力进行新技术的研发运用，世界经济正面临百年未遇之大变局，特别是在重大突发事件的影响下，世界经济复苏遭遇重大冲击，国际经济竞争形势日趋激烈，把握复杂形势下的发展机遇，抢占各类科技革命制高点是各国的共同发展目标（马海韵，2017）。我国经济已由高速发展阶段转向高质量发展阶段，正处于工业化发展后期，需要大力推行新技术的开发运用以构筑新的优势领域，实现经济结构、发展方式和增长动力的升级（张平淡和袁浩铭，2018）。新区作为承载国家政策和改革开放的重要平台，担负着进一步优化产业结构、进行体制机制创新及探索全新发展路径的任务，各新区具有自身独特的产业资源和区域优势，新一轮科技革命的发展为各新区的进一步发展提供了更开阔的环境和路径（刘洋，2018）。党的十九大以来，国家提出"一带一路"倡议，以及建设粤港澳大湾区等一系列重大发展战略，为新区的发展重点提供明确方向，国家在政策资源支持、产业链及供应链的韧性优势等方面均为新区的发展提供保障与支撑。

(二)应对新挑战新问题

实体经济发展方面,新区的产业基础能力有待提升,产业基础零部件、基础工艺和产业技术等方面研发和创新能力不足,制造业智能化转型进程有待进一步推进,新旧动能转换速度与转换程度有待提高,新区产业链供应链的现代化水平及韧性水平仍有待加强(曹清峰,2020;邓晰隆等,2020)。产业发展方面,由于设立时间、地理位置等因素,部分新区缺乏主导性产业及产业核心竞争力,高新技术产业自主创新能力和科研转化能力有待加强,以新技术为核心的战略性新兴产业培育和发展速度较慢,有待构建系统性产业链和产业集群(郭爱君和范巧,2019;郭志仪等,2020)。改革创新方面,新区对于国家赋予的先行先试权运用不足,体制机制创新探索不够深入,部分新区进行改革创新的积极性与主动性不足,内生制度创新能力有待提升,自主创新的新型发展理念和管理体系不够成熟(任毅等,2018;肖菲等,2019)。

(三)承载新使命新任务

促进新经济高质量发展,将新区的经济发展方向由量的提升向质的提升转变,通过新技术的研发运用构筑一批绿色化高端新兴产业,推动传统制造业逐步向智能制造业转型,促进新区的产业优化升级,并带动区域经济的高质量发展(赵玉帛和张贵,2020;郑万吉和冯凯,2020)。深化改革创新,构建有助于推动促进观念创新、思路创新、方法创新和机制创新的新区制度环境,积极探索全新的经济体系和发展模式,构筑区域经济发展的全新政策体系、指标体系和标准体系,为地区经济及全国经济发展探索高效的发展路径。扩大对外开放,利用新区自身的区位优势和特色资源,构筑对外开放通道建设,扩大服务贸易网络,创建更为优化的营商环境和市场贸易秩序,深度融入国际竞争与合作,为国家构筑全面对外开放格局开辟新道路。

第四节 国家级新区危机治理阶段划分及治理主体

一 突发公共事件的概念与类型

(一)突发公共事件的概念

突发公共事件是突发事件和公共事件的合称。通过相关文献分析,可知不同学者对突发公共事件概念界定的侧重点不同。国务院发布的《国家突发公共事件总体应急预案》中关于突发公共事件的概念界定被广泛采用。沿用该概念，本书认为，重大突发公共事件形容突然发生，造成或者可能造成重大人员伤亡、财产损失、生态环境破坏和严重社会危害，危及公共安全的紧急事件。

由此可知，突发公共事件包含三个核心要素（杨慧谦，2019；刘帅，2021）：第一，发生时间方面，突发公共事件多是在较短时间内出现，发生速度快，反应时间较短；第二，结果影响方面，突发公共事件通常会对财产、人身或者环境等方面造成一定程度的损害；第三，事件应对方面，突发公共事件发生后需要政府等相关部门立即采取一定抵御性措施。

（二）突发公共事件的特征

目前，学术界对于突发公共事件的特征研究还未形成统一观点，本书梳理并汇总各学者的观点及内容，并在此基础上重点借鉴卿立新（2013）的观点，提出突发公共事件的五个特征。一是突发性，突发公共事件通常在较短时间内出现，发生的速度较快，且其发生的时间、范围、规模等具有极大的不可预测性；二是不确定性，突发公共事件的事态发展和演变过程常受多种主客观因素影响，具有高度的不确定性；三是破坏性，突发公共事件的发生将对社会财产、生态环境、人身健康等造成一定程度的威胁或伤害；四是衍生性，突发公共事件的出现常常引发一系列相关联的次生事件和衍生事件；五是阶段性，突发公共事件自发生至结束整个过程，基本遵循突发事件"爆发—扩散—消退"的三阶段特征。

（三）突发公共事件的类型

从事件的类型和性质角度，可将突发公共事件分为以下四类：一是自然灾害，指危害或损害人类生存环境的自然现象，如冰雹、洪水和暴雨等；二是事故灾害，指由于行为人的过失行为或故意行为，一定程度上造成物质财产、人身安全等损害的事件，如危险品爆炸和道路交通事故等；三是公共卫生事件，指对社会公众健康造成损害的重大传染病、群体性不明原因疾病、重大食物和职业中毒以及其他严重影响公众健康的事件，如SARS、禽流感等（孙久文，2020）；四是社会安全事件，指有一定的组织和目的，采用聚集、静坐等方式，对政府管理和社会秩序造成影响的群体性事件，如罢课、集会请愿等。从事件的影响范围及危害程度角度，可将突发公共事件分为特别重大、重大、较大和一般四级，表明突发公共事件所引发的社会影响、人员财产损失依次降低（崔鹏，2016）。

二　国家级新区危机治理阶段划分

新区危机治理具有阶段性特性，目前针对区域性危机治理阶段的研究主要是全过程治理，即针对危机从尚未发生至危机结束的整个过程进行治理策略的制定（赵军锋，2014）。区域性危机的全过程治理主要以危机生命周期理论为基础，重点关注危机发生的整个过程，认为危机的治理策略应依据危机生命周期的不同阶段制定（党红艳，2020；王铖，2021）。关于危机生命周期的阶段划分有两种主要观点，第一种观点认为危机生命周期包含危机发生前和危机发生后两个阶段；第二种观点认为危机的发生包含危机前、危机中和危机后的划分方式。第二种危机生命周期划分方式得到危机管理领域学者的普遍认同，并且三阶段的危机治理模型多是据此提出的，尽管仍有学者提出多阶段的危机治理模型，但多是以三阶段危机生命周期内容为依据开发的。当前关于危机治理的阶段划分存在多种观点，主要包含危机治理的三阶段论、四阶段论、五阶段论等。

三阶段论者提倡针对危机前、中、后三个阶段的不同特征分别制定危机治理策略，危机前的治理策略重点关注对危机的预测与防范，危机中的治理策略重点关注对危机的控制与解决，危机后的治理策略重点关注对危机经验学习与再防御（Brich and Guth）。

四阶段论模型包含酝酿期、发作期、延续期、痊愈期四个阶段。

五阶段论中存在三类主流观点，第一类观点支持危机管理专家Mitroff（1994）提出的危机管理五阶段模型，他认为危机管理主要包含危机信号侦测、探测预防、危机控制、恢复阶段和学习总结五个阶段；第二类观点的危机治理5R模型，包含减少、预备、反应、恢复和回顾五个阶段；第三类观点认为危机发生包含潜伏期、征兆期、发作期、衰退期、结束期五个阶段，相应的危机治理策略包含识别、预防、处置、消除影响和汲取教训等（徐宪平和鞠雪楠，2019）。

三 国家级新区危机治理主体

（一）政府

危机治理中的政府特指重大突发事件应对的行政领导机关，通常包含国务院和中央部委、地方政府和基层政府三个层次。随着市场体制的成熟化和完善化，公众的危机意识同样发生转变，政府在危机治理中由绝对主体地位逐渐演变为主导统筹地位，社会组织、企业和公众在危机治理中发挥着越来越关键的作用。当前学术界对于政府在危机治理中的具体作用仍有不同观点，部分学者认为，反应及时性、目标统一性是危机治理成效的关键，因此，在不同类型及程度的危机中，各级政府仍应维持危机治理的绝对主体地位，以保证资源综合统筹、危机应对的及时响应（汪阳洁等，2020）。但有学者认为，随着信息技术和数字技术的发展和运用，政府在信息掌控、舆情控制等方面难以做到及时应对和绝对把控，并基于协同学的理论视角，提出社会组织、企业和公众共同参与的多主体协同治理模式。

（二）社会组织

危机治理中的社会组织通常指从事社会服务、资源筹集分配等工作，且独立于国家体系和市场体系之外的社会机构或组织，具有非营利性、非政府性和公益性等特征，如基金会、社会团体、社会服务机构、志愿团体等。近年来，危机逐渐呈现出成因复杂化和类型多样化等特性，造成单一力量进行危机治理的难度增大，因而社会组织在危机治理中承担越来越多元化的角色和作用。从角色承担角度来说，社会组织在危机治理过程中扮演着正确信息传递者、心理疏导者的角色，特别是公众因信息不对称而出现恐慌时，社会组织因其独立于政府和市场之外的地位，能够在信息传递和公众心理安抚方面发挥积极作用。从作用发挥角度来说，社会组织在危机治理中起到协助、协调等作用，当政府力量在短期内无法对危机进行有效控制时，不同的社会组织可利用自身人力资源优势，发挥着技术指导、资源募集等支持性作用。

（三）企业

企业是市场体系的主要构成部分，随着新一轮科技革命和产业变革的发展，大量企业拥有行业内的核心技术优势和专业人才资源，在当代危机治理中发挥着越来越关键的作用。在资源供给方面，物质资源短缺与人力资源配置不当是危机治理面临的难题，企业通常是危机治理中资源的主要供应方，充足的物质资源供应有利于在危机初期控制危机影响范围。对于治理周期较长的重大危机，企业高效的资源配置和长期的资源供给，也是危机控制的基本保障。在技术支持方面，现代信息技术手段为现代化危机治理提供有效工具，大量新兴企业掌握着前沿的通信计算技术和专业技术人才，能够在危机形势研判与趋势分析方面发挥关键作用。例如，在重大突发事件初期，阿里集团的多个团队运用大数据分析技术，对重大突发事件的发展形势和未来发展趋势进行深入分析，为国家采取有效的治理策略提供重要参考。

综上所述，当前学术界围绕新区以及重大突发事件冲击下新区治理开展的相关研究，主要包含以下几个方面，首先，基于新区危机治理的阶段划分开展研究，当前关于危机治理的阶段划分包含危机治理的三阶段论、四阶段论和五阶段论等；其次，从治理主体对重大突发事件下新区治理问题开展研究，主要从政府部门、社会主体以及企业等创新主体进行研究，并从不同主体视角提出应对策略及治理方案；最后，从制定危机治理的法律保障体系、建立危机治理多元参与体系等方面，对区域创新生态系统的治理提出应对策略。相关研究缺少对韧性内生机理的探讨和对韧性定量的研究。

未来本书将从系统脆弱性根源、韧性测度及预警等方面开展更深入的研究。明晰重大突发事件冲击下新区创新生态系统脆弱性根源，设计新区创新生态系统韧性监测预警体系并测度新区创新生态系统韧性，模拟预测新区创新生态系统韧性的演化趋势，并实现新区创新生态系统韧性治理。

第三章 国家级新区创新生态系统演化运行变化

第一节 国家级新区创新生态系统主体及运行机制

一 国家级新区创新生态系统主体及作用

（一）国家级新区创新生态系统多元主体的协同机制

新区创新生态系统指在新区的空间范围和时间范围内，创新主体通过创新活动，构建和发展的具有自我组织、自我调节、自我适应、自我进化等特征的创新环境和创新体系。

1. 政府引导与支持

政府在新区创新生态系统中的角色定位与政策导向，是以促进新区创新生态系统多元主体的协同合作为宗旨的。政府通过明确定位和有效的政策导向，为新区创新生态系统的多元主体协同提供引导与支持，旨在实现系统内各方的有效合作。通过制定明确的政策，政府为多元主体提供明确的发展方向，为协同合作奠定基础。同时，政府建立协调机制，以确保各方在合作过程中高效协同。

政府的引导与支持不是单纯的政策制定，而是推动整个生态系统中各方的积极参与，以实现共同繁荣。政府的角色还体现在危机应对和战略调整中，在面对变局时，政府能够迅速调整政策导向，灵活应对不同情境，为多元主体提供及时的支持。政策调整灵活性有助于推动新区创新生态系统的协同发展，使各方更高效地适应变化的环境。政府作为协同的推动者和组织者，成为整个生态系统中的重要组成部分，为各方提供信心和支持。总体而言，政府在新区创新生态系统中的引导与支持，是一种积极推动多元主体协同发展的关键力量。通过明晰的角色定位和灵活的政策导向，政府不仅为系统内各方提供共同的发展目标，还激发多元主体的合作热情。政府的引导与支持是新区创新生态系统可持续发展的基石，为各方共同实现繁荣与创新注入动力。

2. 企业创新驱动

企业充当着新区创新生态系统中的创新引领者，通过在多元主体之间发挥引领作用，实现与政府和科研机构的协同关系。企业的创新驱动不仅是在技术和产品方面，更在于推动协同发展的理念和实践。通过与政府和科研机构形成紧密合作，企业的创新努力成为整个生态系统协同共赢的关键力量。企业的引领作用体现在两个方面。一方面，企业在技术创新和产品研发中扮演重要角色，不断推动新技术、新产品的涌现，推动整个生态系统向前发展；另一方面，企业在协同合作中发挥引领作用，通过搭建合作平台、分享资源，促进多元主体间的协同关系，实现创新生态系统的良性循环。

企业的创新驱动不仅是内生的，更是外延的，通过与政府和科研机构形成协同关系，促进产学研的深度融合，共同推动科技创新。与政府和科研机构的协同关系是企业创新驱动的重要组成部分。企业与政府的协同关系主要体现在政策支持、项目合作等方面。政府提供政策支持，为企业提供发展的政策环境，推动企业更好地发挥创新主体作用。而企业与科研机构的协同关系则体现在共同研究项目、科研成果的应用等方面。通过与科研机构的深度合作，企业能够更好地利用科研资源，实现技术创新和产业升级。企业的创新驱动不仅仅关乎技术水平的提升，更关乎协同发展的理念和实践。企业通过创新努力，不仅实现自身的发展，更为整个生态系统的协同共赢注入动力。企业与政府、科研机构的协同关系不仅是一种合作形式，更是推动新区创新生态系统可持续发展的重要机制。

3. 科研机构的知识输出

科研机构通过积极参与新区创新生态系统的协同机制，将丰富的知识资源输出到系统内，推动创新生态系统的协同发展。科研机构的知识输出不仅促进科技进步，还加强多元主体之间的合作与交流。科研机构通过知识的输出，为整个生态系统提供理论支撑和实践经验，促使系统各方更好地协同合作，共同推动创新生态系统的可持续发展。科研机构在新区创新生态系统中扮演着关键的角色，一方面，通过参与协同机制，科研机构能够将其丰富的知识资源输出到整个系统中，不仅包括前沿科技成果，还涵盖实践经验和理论支撑，为多元主体提供全面的支持；另一方面，科研机构的知识输出成为促进科技进步的引擎，推动整个生态系统向更高水平发展，知识输出不是单向的，而是能够促进多元主体之间的合作与交流，激发不同主体之间的合作热情，形成良性互动，连接整个生态系统中的各个参与者。

（二）突发事件冲击下协同机制的变革与挑战

1. 政府政策的调整

重大突发事件对新区创新生态系统中的政府协同机制提出严峻挑战，同时政策调整对多元主体合作产生深远影响。重大突发事件的出现带来前所未有的困境，对政府协同机制提出新的考验。政府在特殊时期迫切需要灵活地调整政策，以更好地支持多元主体的合作。政策的调整必须具备前瞻性，确保各方能够迅速适应新的环境，从而促进新区创新生态系统的可持续发展。政府面临的挑战不仅仅来自重大突发事件，还涉及对多元主体协同的新需求。政策的调整需要以更灵活、更实时的方式进行，以便更好地协调各方行动。此外，政府的协同机制需要强调跨部门、跨地区的合作，以形成更为紧密的网络结构，为多元主体提供更优质的支持。政策的调整不仅仅是对重大突发事件应对的需要，更是对未来创新生态系统发展的引导。政府在制定政策时应考虑到未来可能发生的变化，以确保政策的持续性和适应性。因此，政府的决策将直接影响到新区创新生态系统的发展方向，对于多元主体合作的推动至关重要。

2. 企业协同创新的应对策略

新区创新生态系统中的企业主体，在重大突发事件下应调整协同创新策略，以适应新的环境。企业在重大突发事件期间面临着前所未有的挑战，需要灵活调整协同创新策略，包括加强数字化合作平台的建设，推动远程协同办公，以及加大对关键技术研发的支持。企业通过创新的方式适应新的环境，找到新的合作机会，确保新区创新生态系统的协同发展不受重大干扰。企业协同创新策略的调整不仅仅是对重大突发事件的应对，更是对未来可持续发展的战略调整。数字化合作平台的加强将使企业更具弹性，能够在远程工作环境下更加高效地协同合作。同时，对关键技术研发的支持将为企业提供更多的创新动力，使其在新的环境中脱颖而出。企业的创新不仅仅限于技术层面，还包括战略层面的变革。在面对新的合作机会时，企业需要敏锐洞察市场需求，灵活调整战略方向。通过创新的思维方式，企业可以更好地适应变化，实现新区创新生态系统的协同发展。

3. 科研机构的合作创新模式调整

新区创新生态系统中的科研机构主体，通过应对重大突发事件引发合作模式变革，从而更好地参与新区创新生态系统的协同创新。重大突发事件会改变科研机构之间的合作模式，促使其寻找更加灵活和高效的合作方式。合作创新模式的调整将有助于科研机构更好地适应新的环境，促进新区创新生态系统的科技进步。科研机构在重大突发事件背景下的合作创新模式调整，涉及多个层面。首先，数字化合作平台的建设是关键一环，可以通过整合在线协作工具和数字研究平台，提高科研机构的信息共享和合作效率；其次，远程合作的能力提升，将使科研人员能够跨越地域限制，更广泛地参与国际性的协同研究项目；最后，创新性的研究项目的开展，将为科研机构拓展新的合作机会，激发团队创造力，推动科技领域的前沿进展。科研机构合作创新模式的调整，不仅是对重大突发事件的应对，更是对科研领域协同发展的战略性调整。通过适应新的合作环境，科研机构将能够更灵活地应对未来的挑战，为新区创新生态系统的科技进步做出更大贡献。

二 国家级新区创新生态系统关系结构及形成机制

新区创新生态系统是由创新主体、创新资源和创新机制三个核心要素构成的，这些要素之间相互作用、相互依存，形成复杂的关系结构。

（一）创新主体关系结构

创新主体主要包括政府、企业、科研机构等。首先，政府在新区创新生态系统中扮演着引导和支持的角色，通过制定政策、提供基础设施和资源、建立科研机构等方式，推动创新生态系统的形成。其次，企业是创新的主要推动力量，在新区中扮演着创新、研发、生产和市场推广的角色，企业间可通过产业联盟、合作研发等方式形成紧密联系。再次，科研机构在新区创新生态系统中负责基础研究和技术创新，与企业合作，共享研发成果，推动科技创新的转化和应用。最后，新区创新生态系统还包括投资者及社会组织等。投资者通过提供资金支持，帮助企业和研究机构实现创新成果的商业化，推动新区内产业的发展。社会组织可以促进新区内各主体之间的社会责任合作、人才培养等方面的互动，推动整个生态系统的可持续发展。创新主体间通过技术合作、人才流动等方式建立联系，共同推动创新活动的开展。

（二）创新资源关系结构

创新资源指人才、技术、资金等，各类创新资源在创新主体之间流动，为创新活动提供支持。人才是创新活动的重要组成部分，新区需要吸引和培养一批高素质的人才，为创新活动提供源源不断的动力。新区可通过提供优厚的薪酬和福利待遇、提供良好的工作环境和发展机会、加强人才培训和交流等方式吸引和培养人才。技术是创新活动的核心，新区需要引进和培育一批高水平的科研机构和企业，为创新活动提供技术支持。资金是创新活动的重要保障，新区可以通过提供优惠政策和扶持措施、加强科研机构和企业之间的合作、提供良好的科研环境和条件等方式引进和培育高水平的科研机构和企业。新区也可以通过提供优惠政策和扶持措施、加强投资者之间的交流和合作、提供良好的投资环境和条件等方式吸引和引导投资者。

（三）创新机制

创新机制指通过各种方式和手段，对创新活动中的主体、资源、环境等要素进行有效的组织、管理、激励和协作，从而提高创新效率和效果的一种制度安排。创新机制的构成要素主要有政策引导、市场激励、社会网络三个方面，分别从不同角度和层面，对创新活动的各个环节和方面进行支持，共同促进创新生态系统的建立和完善。首先，政策引导是创新机制的重要组成部分，通过政府的法律法规、规划指导、财政资金等方式，为创新活动提供明确的目标、方向和框架，激发和保护创新主体的积极性和创造性，营造有利于创新的政策环境；其次，市场激励是创新机制的重要手段，通过市场的价格信号、竞争压力等方式，为创新活动提供动力方向和反馈，调动和整合创新资源形成有效的创新激励机制，促进创新成果的转化和应用，提高创新的市场效益；最后，社会网络是创新机制的重要载体，通过社会的人际关系、合作伙伴等方式，为创新活动提供信息、资源、合作和支持，构建和维护创新主体之间的信任和合作，促进创新知识的传播和共享，提高创新的社会效益。

三 国家级新区创新生态系统演化规律

新区创新生态系统的演化规律，指影响新区创新生态系统形成、发展、变化和优化的内在机制和外部因素，以及各要素之间的相互作用和反馈。新区创新生态系统的演化规律可从形成机制、演化机制、运行机制和治理机制四个方面进行分析。

（一）新区创新生态系统的形成机制

新区创新生态系统的形成，需要有一定的创新源和创新网络作为基础。创新源指在新区内具备创新能力和创新意愿的个人、企业、机构等创新主体，是创新生态系统的基本元素和创新活动的主要推动者。创新网络指创新主体通过各种形式的合作、交流、竞争、学习等方式，建立起来的创新关系和创新互动，是创新生态系统的基本结构和创新活动的主要载体。新区创新生态系统的形成，是由创新源向创新网络不断演化的自组织过程，受到多种因素的影响和制约，如创新源的数量、质量、多样性、邻近性等。创新源的数量指在新区内具备创新能力和创新意愿的创新主体的规模和密度，决定了创新生态系统的创新潜力和创新活力。创新源质量指在新区内具备创新能力和创新意愿的创新主体的水平和能力，决定了创新生态系统的创新效率和创新质量。创新源多样性指在新区内具备创新能力和创新意愿的创新主体的类型和特征，决定了创新生态系统的创新广度和创新深度。创新源邻近性指在新区内具备创新能力和创新意愿的创新主体在空间和时间上的距离，决定了创新生态系统的创新协同和创新互动，以上因素共同影响着新区创新生态系统的形成和发展，构成了新区创新生态系统的形成机制。

（二）新区创新生态系统的演化机制

新区创新生态系统的演化指新区创新生态系统在结构、功能、行为和绩效等方面的变化和优化，以适应和引领创新环境的变化和创新需求的变化。新区创新生态系统的演化，受到创新生态系统内部和外部的多种因素的影响和制约。内部因素包括创新主体的创新能力、创新策略、创新行为、创新文化等,决定了创新生态系统的创新动力和创新资源。外部因素包括创新环境、创新制度、创新政策、创新竞争等,决定了创新生态系统的创新机会和创新压力。新区创新生态系统的演化是一个动态的协同演化过程,需要创新主体之间的竞合、共生、催化、涌现等机制。竞合关系是创新主体之间的竞争和合作的结合,促进了创新生态系统的创新效率和创新质量。共生指创新主体之间的互利和互惠的关系,促进了创新生态系统的创新广度和创新深度。催化指创新主体之间的互动和影响的作用,促进了创新生态系统的创新速度和创新创造。涌现指创新主体之间的协作和整合的结果,促进了创新生态系统的创新能力和创新价值的提升。以上因素共同推动了新区创新生态系统的演化和发展,构成了新区创新生态系统的演化机制。

(三) 新区创新生态系统的运行机制

新区创新生态系统的运行指新区创新生态系统的各种活动和过程,涵盖了创新的全过程和全链条,包括创新需求的识别、创新资源的配置、创新活动的实施、创新成果的转化等。新区创新生态系统的运行需要一定的运行规则和运行模式,以保证创新生态系统的有序和高效。新区创新生态系统的运行是一个开放的共享过程,需要创新主体之间的信息交流、知识共享、价值共创。信息交流指创新主体之间信息的传递和接收,能够提高创新生态系统的信息透明度和信息效率。知识共享指创新主体之间知识的共享和利用,有助于提高创新生态系统的知识积累和知识创新。价值共创指创新主体之间价值的创造和分配,有利于提高创新生态系统的价值创造和价值实现。以上因素共同支撑新区创新生态系统的运行和优化,构成了新区创新生态系统的运行机制。

(四) 新区创新生态系统的治理机制

新区创新生态系统的治理指对新区创新生态系统的各个要素和各个环节的规划、指导、协调、监督等,旨在提高新区创新生态系统的效率、效果、效益和可持续性。新区创新生态系统治理需要特定的治理主体活动和治理模式,以保证创新生态系统的有序和高效。治理主体指对新区创新生态系统有影响力和责任的主体,包括政府、企业、高校、科研机构、社会组织等,是创新生态系统的治理者和参与者。治理模式指治理主体之间的关系和方式,包括政府主导、市场主导、社会主导、协同主导等,是创新生态系统的治理形式和治理路径。新区创新生态系统的治理,是一个多元的协同过程,需要治理主体之间的伙伴选择、利益分配、谈判决策、协调保障等机制。伙伴选择是治理主体之间的合作意愿和合作对象的选择,决定了创新生态系统的合作范围和合作对象。利益分配指治理主体之间的利益诉求和利益平衡的分配,决定了创新生态系统的利益驱动和利益协调。谈判决策是治理主体间的决策权力和决策过程的谈判,决定了创新生态系统的决策效率和决策质量。协调保障指治理主体之间的协调资源和协调机制的保障,决定了创新生态系统的协调能力和协调效果。以上因素共同构成新区创新生态系统的治理机制,促进了新区创新生态系统的治理和优化。

四 国家级新区典型案例的选择

(一) 浦东、两江、江北、雄安四个新区的发展阶段与特点

1. 浦东新区的崛起

浦东新区是中国改革开放的窗口和标志,经历了从建设开发开放到成为国际金融贸易中心的阶段性发展历程。浦东新区的发展,可分为三个阶段:第一阶段是 1990—2000 年,这一阶段是浦东新区的开发开放阶段,主要是通过大规模的基础设施建设和招商引资,打造了浦东新区的硬件环境和软件环境,为后续的发展奠定了基础;第二阶段是 2001—2010 年,这一阶段是浦东新区的产业发展阶段,主要是通过发展高端制造业和现代服务业,形成了浦东新区的产业体系和产业优势,为后续的发展提供了动力;第三阶段是 2011 年至今,这一阶段是浦东新区的创新引领阶段,主要是通过建设自由贸易试验区、科创中心、金融中心等,打造了浦东新区的创新平台和创新示范,为后续的发展提供了方向。浦东新区的发展特点,可以概括为开放包容、创新驱动、协同发展和可持续发展。

2. 两江新区的生态发展

两江新区是中国西部地区的创新发展的引擎和示范,在生态与创新之间实现了平衡,并在长江经济带中发挥了战略作用。两江新区的发展,可以分为两个阶段:第一阶段是 2010—2015 年,这一阶段是两江新区的建设启动阶段,主要是通过规划布局和项目实施,构建了两江新区的发展框架和发展基础,为后续的发展创造了条件;第二阶段是

2016年至今，这一阶段是两江新区的创新发展阶段，主要是通过发展战略性新兴产业和现代服务业，打造了两江新区的创新引擎和创新生态，为后续的发展注入了活力。两江新区的发展特点，可以概括为生态优先、创新引领、协调发展和开放合作。

3. 江北新区的产业引领

江北新区是中国东部地区的制造业升级和科技创新的先行者和领跑者，在制造业升级与科技创新方面取得了经验与启示。江北新区的发展，可以分为两个阶段：第一阶段是2012—2015年，这一阶段是江北新区的建设推进阶段，主要是通过优化产业结构和提升产业水平，培育了江北新区的产业基础和产业竞争力，为后续的发展奠定了基础；第二阶段是2016年至今，这一阶段是江北新区的创新转型阶段，主要是通过发展智能制造和科技创新，打造了江北新区的创新平台和创新示范，为后续的发展提供了动力。江北新区的发展特点，可以概括为制造强区、创新高地、协同发展和开放共赢。

4. 雄安新区的规划与实践

雄安新区是中国新时代的国家战略和城市建设的重大举措，进行了规划调整与发展路径的探索。雄安新区的发展，可以分为两个阶段：第一阶段是2017—2020年，这一阶段是雄安新区的规划编制阶段，主要是通过国际国内的专家咨询和广泛征求意见，制订了雄安新区的总体规划和控制性详细规划，为后续的发展制定了目标和路径；第二阶段是2021至今，这一阶段是雄安新区的建设实施阶段，主要是通过启动重大项目和重点领域的建设，实现了雄安新区的开工奠基和建设，为后续的发展展示了样板和信心，雄安新区具有规划先行、创新引领、绿色发展、开放共建的发展特点。

(二) 代表性新区的选择理由

浦东、两江、江北、雄安四个代表性新区分别反映了中国不同地域和不同领域的创新发展的特点和趋势，以四个新区为研究对象，分析新区创新生态系统韧性问题，具有一定的科学价值和典型意义。

1. 代表性新区选择的标准

选择浦东、两江、江北、雄安四个新区，主要是基于以下方面考虑：一是四个新区均为国家战略层面的新区，具有重要的政治、经济、社会和生态的意义和影响；二是四个新区均为创新发展的先行者和领跑者，具有较高的创新水平、创新能力和创新贡献；三是四个新区均为区域发展的引擎和示范，具有较强的区域影响力、区域协调力和区域辐射力；四是四个新区均为创新生态系统的典型和代表，具有较为完善的创新主体、创新网络、创新环境和创新制度。综合以上方面，本书认为浦东、两江、江北、雄安四个新区，是中国新区体系中的代表性新区，值得作为典型案例对其创新生态系统韧性进行深入研究。

2. 代表性新区的研究意义与价值

深入研究浦东、两江、江北、雄安四个新区的发展阶段与特点，有着重要的借鉴意义和参考价值。首先，深入研究四个新区有助于总结和提炼中国新区创新发展的经验和规律，为其他新区的创新发展提供参考和借鉴；其次，深入研究四个新区有助于分析和评估中国新区创新发展的优势和挑战，为其他新区的创新发展提供启示和警示；再次，深入研究四个新区有助于探索和构建中国新区创新发展的理论和模式，为其他新区的创新发展提供指导和支持；最后，深入研究四个新区有助于深刻理解新区创新生态系统的演化规律，为其他新区的创新发展提供理论和实践支撑。

第二节　国家级新区创新生态系统演化规律分析

一　国家级新区系统主体变化

（一）政府政策调整对国家级新区的影响

1. 政策调整动因

重大突发事件的出现会对中国的经济社会发展造成严重冲击和挑战，迫切需要政府采取有效的政策措施，应对重大突发事件的影响，恢复经济活力，保障民生福祉，促进社会稳定。在这样的背景下，政府对新区的政策调整，主要受到以下方面需求的推动：第一，经济恢复需求，即需要加快新区的经济复苏和增长，提高新区的经济韧性和竞争力，保障新区的产业发展和就业稳定；第二，创新驱动需求，即需要加速新区的创新转型和升级，提高新区的创新水平和创新贡献，保障新区的科技创新和社会进步；第三，区域协调需求，即需要优化新区的区域布局和区域功能，提高新区的区域协调力和区域辐射力，保障新区的区域发展和区域平衡。综合以上需求，政府对新区的政策调整，旨在实现新区的高质量发展和高水平开放，为全国的经济社会发展提供支撑和示范。

2. 政策调整影响因素

政策调整对新区发展有着重要影响，既有利于新区抓住机遇，也有助于新区化解风险。政策调整的影响因素主要有以下几个方面：第一，产业扶持。政策调整为新区的优势产业提供了更多的支持和优惠，如减税降费、财政补贴、金融贷款、土地使用等，同时也鼓励新区培育和引进新兴产业，如生物医药、新能源、人工智能等，以提升新区的核心竞争力。第二，科技创新。政策调整为新区的科技创新提供了更多的资源和平台，如科研经费、人才引进、技术转移、创新园区等，同时也加强了新区与高校、科研机构、企业等的合作和交流，以促进新区的科技成果转化和创新能力。第三，企业稳定。政策调整为新区的企业提供了更多的帮助和保障，如延期缴纳社保、减免租金、降低用电成本、提供就业补贴等，同时也协调和解决了新区企业在生产经营中遇到的困难和问题，以保障新区的企业发展和就业稳定。

3. 新区政策调整比较

浦东、两江、江北、雄安四个新区都是国家战略的重要载体，都进行了相应的政策调整，以适应新的发展环境和要求。新区政策调整共同之处主要体现在以下方面：第一，都坚持以人民为中心，把保障人民生命安全和身体健康放在首位，采取有效措施应对重大突发事件，保障人民基本生活和合法权益；第二，都积极应对经济下行压力，实施积极的财政政策和稳健的货币政策，扩大有效需求，稳定市场预期，促进经济平稳运行；第三，都着力推进改革开放，深化体制机制创新，放宽市场准入，优化营商环境，提高开放水平，增强发展活力。

新区政策调整差异之处主要体现在以下方面：第一，政策调整依据是各新区的发展定位和目标。浦东是国家改革开放的先行者和领跑者，两江是西部地区的改革开放窗口和发展引擎，江北是长三角一体化的重要组成部分和创新高地，雄安是千年大计和国家大事，各新区的政策均按照各自的发展定位和目标进行调整。第二，政策调整符合各新区的发展阶段和基础。浦东是最早设立的新区，已经有了较高的发展水平和较强的发展能力；两江是第二批设立的新区，已经形成较为完善的发展体系和较为鲜明的发展特色；江北是第三批设立的新区，展现了较大的发展潜力和较高的发展质量；雄安是最新设立的新区，还处于起步和规划阶段，需要大力推进基础设施建设和生态环境保护。因此，各新区的政策调整均适应各自的发展阶段和基础。第三，政策调整适应各新区的发展环境和挑战。浦东面临的主要问题是如何保持发展的领先地位和创新优势，两江面临的主要问题是如何协调发展的区域差异和内部矛盾，江北面临的主要问题是如何融入发展的区域一体化和国际合作，雄安面临的主要问题是如何规划发展的长远目标和高标准。因此，各新区的政策调整均针对各自的发展环境和挑战，寻找发展机遇和突破口。

(二) 新区内企业创新活动的变化

1. 新区内企业生产与创新投入的双重压力

重大突发事件出现对新区内企业的生产和创新产生不同程度的影响。一方面，导致市场需求的下降、供应链的中断、员工的缺失、生产成本的上升、生产效率的降低等，给企业的生产经营带来了困难和压力；另一方面，催生新的市场机会、新的技术需求、新的消费习惯、新的社会问题，给新区内企业的创新活动带来了挑战和动力。因此，新区内企业在重大突发事件背景下，既要应对生产的压力，又要把握创新的机会，企业在创新投入上须进行适当安排和优先级划分，以保证创新活动的有效性和效率。

2. 创新驱动力的调整

企业的创新调整策略主要有：第一，技术转型，即利用新的技术手段，如云计算、大数据、物联网、人工智能等，改进和优化产品、服务、流程、管理等，以提高生产效率、质量、安全、节能等，同时也促进开拓新的市场和客户，增强竞争力和抵御风险能力；第二，数字化创新，即利用数字化平台，如电商、社交媒体、在线教育、远程医疗等，拓展和丰富业务范围和形式，以满足新的消费需求和习惯，同时也收集和分析更多的数据和信息，提升市场洞察力和创新能力；第三，社会创新，即关注和解决重大突发事件带来的社会问题，如公共卫生、环境保护、社会公平、社会责任等，以提升社会价值和影响力，同时也赢得更多的社会支持和信任，增强社会资本和合作机会。

3. 创新合作模式的转变

新区内企业间合作模式在重大突发事件背景下也发生了变化。一方面，开展跨行业合作，即新区内企业与不同行业的企业进行合作，以实现资源的共享和互补、技术的交流和融合、市场的拓展和创造、创新的协同和加速等，如新区内制造业企业与医疗行业企业合作，旅游业企业与文化行业企业合作，开发和推广线上旅游产品等；另一方面，开展联合研发，即企业与高校、科研机构、政府部门等进行合作，以共同开展科技研究和创新项目，如信息技术企业与公安部门合作开发和应用重大突发事件防控系统等。此类合作模式有助于新区内企业充分利用外部的资源和平台，提高企业自身的创新效果和水平。

（三）新区内科研机构合作与研究方向的调整

1. 新区内科研机构合作模式的挑战

重大突发事件出现对新区内科研机构的合作模式提出新的要求和考验。一方面，要求新区内科研机构加强协同合作，以实现科研资源的共享和优化、科研成果的交流和推广、科研问题的解决和创新、科研效率的提高和保障；另一方面，给新区内科研机构的协同合作带来了一些制约因素，如人员流动受限，导致科研人员的交流和合作受阻、实验条件不足、科研设备的使用和维护困难、科研活动的规划和执行困难等。因此，新区内科研机构既要克服合作的障碍，又要发挥合作的优势，需要新区内科研机构在合作模式上做出相应的调整和创新。

2. 新区科研机构主体合作与研究方向的调整策略

科研机构对合作与研究方向的调整策略主要有：第一，利用网络平台，如视频会议、在线论坛、远程实验等，实现科研人员的在线沟通和协作、科研设备的远程控制和共享、科研数据的在线存储和分析、科研成果的在线展示和评审，以降低重大突发事件对科研合作的影响，提高科研合作的效果和水平；第二，加强跨学科合作，如生物医学、信息技术、社会科学等的合作，实现科研领域的交叉和融合、科研视角的拓展和创新、科研方法的借鉴和优化、科研问题的发现和解决，以应对重大突发事件的复杂性和多维性，提高科研的针对性和实用性；第三，重点关注重大突发事件相关的研究方向，如重大突发事件应对的政策和措施、重大突发事件影响的评估和应对等，以满足重大突发事件的紧迫性和重要性，提高科研的社会价值和影响力。

二 国家级新区系统主体间关系结构变化

（一）关系网络的动态调整

重大突发事件对新区内多元主体之间关系网络的影响是双向的。一方面，对关系网络的稳定性和连续性造成了一定的破坏，如人员流动的限制、活动场所的关闭、合作项目的延期或取消等，导致新区内多元主体之间的合作密度和联系频率降低，关系网络的强度和范围缩小；另一方面，对关系网络的多样性和活跃性也带来了一定的促进作用，如新的合作需求的出现、新的合作平台的建立、新的合作伙伴的加入等，导致新区内多元主体之间的合作内容和形式丰富多样，关系网络的结构和功能优化。因此，新区内多元主体之间关系网络的动态调整，既要克服消极影响，又要把握积极机遇，以实现关系网络的适应性和创新性。

合作机制的灵活性与创新。一方面，高效的合作机制要求新区内多元主体之间能够快速响应和协调，以应对重大突发事件的紧急性和变化性。例如，政府主导的创新政策，要求政府能够及时制定和调整相关的规划、指导、支持等政策措施，以引导和激励新区内其他主体的创新行为，提高创新的效率和质量。另一方面，灵活的合作机制要求新区内多元主体之间能够灵活选择和变换，以适应重大突发事件的复杂性和多样性。如企业间的战略联盟，要求企业能够根据自身的优势和需求，与不同的合作伙伴进行不同的合作方式，如资源共享、技术交流、市场拓展等，以增强自身的竞争力和创新力。

（二）关系调整对创新生态系统的影响

新区内多元主体之间关系的调整与重构，对新区的创新生态系统有着重要影响。一方面，关系调整有利于新区创新生态系统的完善和发展，如关系网络的优化有利于新区内多元主体之间的信息流动和资源配置，提高创新生态系统的协调性和效率，合作机制的创新有利于新区内多元主体之间的知识创造和技术转化，提高创新生态系统的创新性和竞争力；另一方面，关系调整也对新区创新生态系统带来风险和挑战，如关系网络的脆弱可能导致新区内多元主体之间的信任缺失和冲突增加，降低创新生态系统的稳定性和协作性，合作机制的变化可能导致新区内多元主体之间的利益分配和权力平衡失衡，降低创新生态系统的公平性和可持续性。

三 国家级新区创新生态系统演化

重大突发事件出现对全国创新生态系统演化机制具有深刻的影响，重大突发事件在短时间内打破了原有的演化路径，迫使各地创新生态系统面临前所未有的挑战和压力。从原有的发展轨迹中脱离，系统被迫重新思考演化的方向和策略。重大突发事件成为创新生态系统演化中的一次转折点，引发了对演化机制的重新审视和调整。在此期间，新区创新生态系统表现出更大的灵活性，强调对外界变化的实时响应。创新生态系统不再僵化于原有的规划和预期，而是更加注重灵活性，迅速调整发展策略以适应新的环境。由此，系统能够迅速作出反应，为新区在危机中寻找生存和发展的突破口，为演化机制的可塑性创造了条件。

各新区呈现出多元化的危机应对策略，部分新区加大对科研机构的支持，推动医学研究与创新；部分新区侧重数字化转型，促进在线办公与远程医疗；还有的注重产业升级，调整创新方向。不同的应对策略形成了多条可能的演化路径，不同的路径选择在危机时期深刻影响创新系统未来的发展轨迹。因此，危机时期的策略选择不仅是应对当下挑战的手段，更是对演化规律的调整和定向。重大突发事件使各个新区被迫在短时间内制定危机应对策略。不同新区面对相似的危机，采取不同应对策略，形成策略上的多样性。

危机应对策略的差异不仅是当下应对重大突发事件的手段，更是直接塑造了创新生态系统的演化规律。新区在危机中所做的选择将深刻影响其未来的发展轨迹，不同的演化规律将为创新系统未来的变革奠定基础。因此，策略差异不仅是表面上的行动，更是对创新生态系统演化方向的深刻引导。多样化的危机应对策略为未来的创新生态系统发展奠定了基础。通过不同策略的选择，新区积累了丰富的经验和资源，为未来的发展提供了多元的基础。加大对科研机构的支持、数字化转型和产业升级等策略选择将为新区在未来应对各种变化和挑战提供丰富的手段和路径。

四 国家级新区创新生态系统演化的典型案例分析

（一）关键节点的发现与分析

新区主体关系结构的调整是一个动态的过程，其中部分关键节点对关系结构的变化起到了重要的作用。本书通过文献检索和案例分析，发现了以下关键节点：第一，政策调整，即新区政府及时制定和修改了一系列的创新政策，如加大财政支持、优化营商环境、放宽市场准入、鼓励科技创新等。政策调整对新区内多元主体的创新行为和关系产生了积极的引导和激励作用。第二，企业战略调整，即新区内企业的挑战和机遇，及时调整了自己的发展战略，如转型升级、创新突破、跨界合作等。战略调整对新区内多元主体的创新能力和关系产生了积极的影响和推动作用。第三，社会需求变化，即新区内的社会需求发生了一些变化，如对公共卫生、环境保护、社会公平等方面的关注和期待增加，对新区内多元主体的创新方向和内容产生了积极的影响和引导作用。

（二）新区的关系演化路径比较

新区内多元主体间关系的演化路径指新区内多元主体之间关系结构的变化轨迹和方式，反映了新区内多元主体之间关系的特点和规律。本书比较了浦东、两江、江北、雄安四个新区关系演化的路径，发现了以下几种类型：第一，稳定型，即新区内多元主体之间关系结构基本保持不变，关系网络的强度、范围、结构、功能等没有发生明显的变化。稳定型新区已形成较为成熟和稳定的创新生态系统，如浦东新区。第二，调整型，即新区内多元主体之间关系结构发生一定调整，关系网络的强度、范围、结构、功能等发生一定变化。这种类型的新区正在进行一些重大的创新项目或改革措施，如两江新区和江北新区。第三，变革型，即新区内多元主体之间关系结构发生相对较大变革，关系网络的强度、范围、结构、功能等发生较大变化。变革型新区处于起步或规划阶段，还没有形成完善的创新生态系统，如雄安新区。

（三）动态演化中的影响因素分析

新区内多元主体间关系的动态演化受多方面因素影响。第一，政策因素。新区政府的创新政策对新区内多元主体之间关系产生影响，如政策的制定、执行、评估等，政策的内容、形式、效果等，政策的稳定性、灵活性、创新性等，均影响新区内多元主体间关系的建立、维持、变化等。第二，经济因素。新区内的经济状况对新区内多元主体之间关系产生影响，如经济的规模、结构、增长等，经济的稳定性、活跃性、竞争性等，经济的需求、供给、效益等，将影响新区内多元主体之间关系的强度、范围、内容等。第三，社会因素。新区内的社会环境对新区内多元主体之间关系产生影响，如社会的文化、制度、价值等，社会的信任、合作、责任等，社会的问题、需求、期待等，将影响新区内多元主体之间关系的结构、功能、方向等。

第三节　国家级新区创新生态系统脆弱性的根源分析

一　国家级新区创新生态系统的脆弱性分析

新区创新生态系统是指新区内多元主体（如政府、企业、高校、科研机构、社会组织等）之间通过创新活动形成的相互依赖、相互影响的复杂系统，涉及创新资源、创新过程、创新成果、创新环境等多个要素，是新区的核心竞争力和发展动力。新区创新生态系统的脆弱性指新区创新生态系统在特定时空尺度相对于外界干扰（如全球变化、市场波动、政策变化等）所具有的敏感反应和自我恢复能力，是新区创新生态系统的固有属性，体现了新区创新生态系统的健康状况和可持续发展能力，是新区创新生态系统的重要评价指标。

新区创新生态系统的脆弱性的内涵和特征主要有：①不确定性，即新区创新生态系统的状态和变化受到多种因素的影响，其中有些因素是难以预测和控制的，如自然灾害、社会动荡、技术突破等，给新区创新生态系统带来了风险和机遇。这要求新区创新生态系统具有较强的适应能力和应变能力。②非线性，即新区创新生态系统的响应和变化与外界干扰的强度和频率之间不是简单的线性关系，而是存在一些阈值和拐点。当外界干扰超过一定的范围和程度时，新区创新生态系统可能发生突变或崩溃，导致不可逆的损失和后果。这要求新区创新生态系统具有较强的抗干扰能力和自我恢复能力。③失衡性，即新区创新生态系统的各个要素和层面之间存在一定的协调和平衡关系，如创新资源的供需平衡、创新过程的效率平衡、创新成果的利益平衡、创新环境的质量平衡等。当外界干扰破坏了平衡关系时，新区创新生态系统可能出现失衡和失调现象，如创新资源的浪费或匮乏、创新过程的低效或过热、创新成果的分配不公或滞后、创新环境的恶化或退化等。这要求新区创新生态系统具有较强的调节能力和优化能力。

当前关于生态系统的脆弱性研究主要包括以下方面：①生态系统的脆弱性测度，即建立合理的指标体系和评价模型，量化生态系统的脆弱度和脆弱性结构，分析生态系统的脆弱性特征和规律；②生态系统的脆弱性预测，即利用数学模型和计算机模拟，预测生态系统在不同的干扰情景下的脆弱性变化趋势和动态演化路径，评估生态系统的脆弱性风险和影响；③生态系统的脆弱性应对，即提出有效的技术途径和主要措施，增强生态系统的抗干扰能力和自我恢复能力，降低生态系统的脆弱性水平和范围，提升生态系统的健康性和可持续性。

当前关于生态系统脆弱性评价的研究主要包含以下内容，可为新区创新生态系统脆弱性研究提供借鉴参考。①暴露—敏感—适应性模型，即根据系统面临的外部干扰的强度和频率（暴露）、系统对外部干扰的反应程度和速度（敏感）、系统对外部干扰的调节能力和恢复能力（适应性）三个维度，综合计算系统的脆弱度指数，划分系统的脆弱性等级；②压力—状态—响应模型，即根据系统所承受的内外部压力（压力）、系统的运行状况和变化趋势（状态）、系统的应对措施和效果（响应）三个维度，综合评价系统的脆弱性水平和影响因素；③驱动力—压力—状态—影响—响应模型，即根据系统的发展动力和目标（驱动力）、系统所面临的自然和人为的干扰（压力）、系统的结构和功能（状态）、系统的脆弱性对社会经济和环境的影响（影响）、系统的调节和优化措施（响应）五个维度，分析系统的脆弱性形成机制和演化路径。

综合以往关于生态系统脆弱性的研究，本书认为新区创新生态系统的脆弱性指新区内多元主体（如政府、企业、高校、科研机构、社会组织等）之间通过创新活动形成的相互依赖、相互影响的复杂系统的稳定性和恢复能力，包括脆弱性的程度、范围、影响等方面。

第一，脆弱性程度。脆弱性程度指新区创新生态系统对外界干扰的敏感反应和自我恢复能力的大小，反映了新区创新生态系统的稳定性和弹性。脆弱性程度越高，表明新区创新生态系统越容易受到外界干扰的影响，越难以恢复到原来的状态，越容易发生突变或崩溃。脆弱性程度可以从新区创新生态系统的响应速度、响应幅度、恢复时间、恢复程度等方面进行衡量，如新区创新生态系统在遭受外界干扰后，能否迅速调整和适应，能否有效减轻和消除影响，能否及时恢复和优化，能否保持或提升创新能力和效果等。

第二，脆弱性范围。脆弱性范围指新区创新生态系统的脆弱性所涉及的空间范围和时间尺度，反映了新区创新生态系统的广泛性和持久性。脆弱性范围越大，表明新区创新生态系统的脆弱性越普遍、越长期，越难以避免或减轻。脆弱性范围可以从新区创新生态系统的空间分布、时间变化、影响范围等方面进行判断，如新区创新生态系统的脆弱性是否分布均匀或存在差异，是否稳定或存在波动，是否局限或扩散，是否影响新区内部或外部等。

第三，脆弱性影响。脆弱性影响指新区创新生态系统的脆弱性对新区的经济、社会、环境等方面的影响程度和后果，反映了新区创新生态系统的重要性和紧迫性。脆弱性影响越大，表明新区创新生态系统的脆弱性越严重、越危险，越需要及时应对和治理。脆弱性影响可以从新区创新生态系统的经济效益、社会效益、环境效益等方面进行评估，如新区创新生态系统的脆弱性是否影响新区的经济增长、结构优化、竞争力提升，是否影响新区的社会稳定、公平正义、民生福祉，是否影响新区的环境质量、资源利用、生态保护等。

二　国家级新区创新生态系统脆弱性根源识别

（一）地域脆弱性

地域脆弱性指新区地域经济结构对外部冲击的敏感性和基础设施与资源的韧性。地域经济结构的敏感性指新区地域经济结构在面对外部冲击时的反应程度和恢复能力，取决于产业结构的多元化、对外贸易的开放度、区域协调的协同性等因素。基础设施与资源的韧性指新区基础设施在面对外部冲击时的抵御能力和恢复能力，主要取决于基础设施的完善程度、资源的充足程度、应急机制的有效程度等因素。重大突发事件的发生和发展，对新区地域经济结构和基础设施与资源都造成了不利的影响。一方面，导致了新区经济增长的放缓，市场需求下降，对外贸易萎缩，对新区地域经济结构的稳定性和发展性造成了威胁；另一方面，导致了新区基础设施的损坏，资源紧缺，应急机制不足，给新区基础设施与资源的安全性和可持续性带来了挑战。因此，新区地域脆弱性是新区创新生态系统的重要脆弱性根源。

(二) 人群、产业、管理机制等因素的相对脆弱性

人群、产业、管理机制等因素的相对脆弱性指新区创新生态系统中的不同要素的脆弱性差异，主要包括人群脆弱性、产业脆弱性、管理机制脆弱性等。人群脆弱性指新区创新生态系统中的不同群体面对重大突发事件时的生存状况和发展机会的差异，主要取决于群体的创新能力、创新意识、创新需求等因素。产业脆弱性指新区创新生态系统中的不同产业在重大突发事件下的发展状况和竞争力的差异，主要取决于产业的创新性、创新强度、创新效率等因素。管理机制脆弱性指新区创新生态系统中的不同管理机制在重大突发事件冲击下的适应性和效果的差异，主要取决于管理机制的科学性、灵活性、创新性等因素。重大突发事件的发生和发展，对新区创新生态系统中的不同要素都造成了不同程度的影响。

一方面，重大突发事件导致新区创新生态系统中的不同群体的生存状况和发展机会的不平等，如创新企业和机构的经营困难，创新团队和个人的工作障碍，创新合作和交流的限制等，加剧了新区创新生态系统中的人群脆弱性；另一方面，重大突发事件导致新区创新生态系统中的不同产业的发展状况和竞争力的不均衡，如创新产业的发展受阻、非创新产业的发展受损、创新产业的竞争力下降等，均加重了新区创新生态系统中的产业脆弱性。新区创新生态系统中不同产业的创新性、创新强度、创新效率等差异过大，新区创新生态系统中的产业脆弱性会更加突出。重大突发事件导致新区创新生态系统中的不同管理机制的适应性和效果的不一致，如创新政策的制定和实施的滞后、创新管理的方式和方法的不适应、创新评价的标准和指标的不合理等，一定程度可能加深新区创新生态系统中的管理机制脆弱性。新区创新生态系统中的不同管理机制的科学性、灵活性、创新性等若差异过大，那么新区创新生态系统中的管理机制脆弱性就会更加显著，也更加难以改善。因此，人群、产业、管理机制等因素的相对脆弱性是新区创新生态系统的另一个重要的脆弱性根源。

三 国家级新区创新生态系统脆弱性的典型案例分析

(一) 新区地域脆弱性分析

浦东新区是中国最早的新区，也是中国改革开放的窗口和标志。浦

东新区的地域经济结构的敏感性相对较低,主要原因有:①浦东新区的产业结构比较多元化,涵盖了金融、贸易、科技、服务等多个领域,具有较强的抗风险能力和自我调节能力;②浦东新区的对外贸易开放程度高,与全球多个国家和地区有着密切的经贸往来,具有较强的国际竞争力和市场拓展能力;③浦东新区的区域协调度比较高,与长三角地区和上海市其他区域有着良好的合作关系,具有较强的区域整合能力和协同效应。浦东新区的基础设施与资源的韧性相对较高,主要原因有:①浦东新区的基础设施比较完善,包括医疗、交通、通信等关键领域,具有较强的应对能力和恢复能力;②浦东新区的资源比较充足,包括人力、资金、技术等关键要素,具有较强的支撑能力和利用能力;③浦东新区的应急机制比较有效,包括应急预案、应急指挥、应急保障等关键环节,具有较强的应急能力和协调能力。

两江新区是我国西部大开发的重要引擎。两江新区的地域经济结构的敏感性相对较高,主要原因有:①两江新区的产业结构比较单一,以制造业为主,缺乏高附加值的服务业和创新型产业,具有较弱的抗风险能力和自我调节能力;②两江新区的对外贸易比较封闭,与全球多个国家和地区的经贸往来较少,具有较弱的国际竞争力和市场拓展能力;③两江新区的区域协调比较分散,与西部地区和重庆市其他区域的合作关系较弱,具有较弱的区域整合能力和协同效应。两江新区的基础设施与资源的韧性相对较低,主要原因有:①两江新区的基础设施比较落后,包括医疗、交通、通信等关键领域,具有较弱的应对能力和恢复能力;②两江新区的资源比较紧缺,包括人力、资金、技术等关键要素,具有较弱的支撑能力和利用能力;③两江新区的应急机制比较缺乏,包括应急预案、应急指挥、应急保障等关键环节,具有较弱的应急能力和协调能力。

江北新区是我国长江经济带的重要节点。江北新区的地域经济结构的敏感性处于中等,主要原因有:①江北新区的产业结构比较平衡,涵盖了制造业、服务业、创新型产业等多个领域,具有较好的抗风险能力和自我调节能力;②江北新区对外贸易比较适度,与全球多个国家和地区有着一定的经贸往来,具有较好的国际竞争力和市场拓展能力;③江北新区的区域协调良好,与长江经济带和南京市其他区域有着较好的合作关系，具有较好的区域整合能力和协同效应。江北新区的基础设施与资源的韧性相对中等，主要原因有：①江北新区的基础设施比较一般，包括医疗、交通、通信等关键领域，具有较好的应对能力和恢复能力；②江北新区的资源比较一般，包括人力、资金、技术等关键要素，具有较好的支撑能力和利用能力；③江北新区的应急机制比较一般，包括应急预案、应急指挥、应急保障等关键环节，具有较好的应急能力和协调能力。

雄安新区是中国最新的新区，也是中国京津冀协同发展的重要平台。雄安新区的地域经济结构的敏感性相对较低，主要原因有：①雄安新区的产业结构创新化程度较高，以高端高新产业为主，具有较强的抗风险能力和自我调节能力；②雄安新区的对外贸易开放程度比较高，与全球多个国家和地区有着密切的经贸往来，具有较强的国际竞争力和市场拓展能力；③雄安新区的区域协调度比较高，与京津冀地区和河北省其他区域有着良好的合作关系，具有较强的区域整合能力和协同效应。雄安新区的基础设施与资源的韧性相对较高，主要原因有：①雄安新区的基础设施比较先进，包括医疗、交通、通信等关键领域，具有较强的应对能力和恢复能力；②雄安新区的资源比较充足，包括人力、资金、技术等关键要素，具有较强的支撑能力和利用能力；③雄安新区的应急机制比较有效，包括应急预案、应急指挥、应急保障等关键环节，具有较强的应急能力和协调能力。

（二）新区人群、产业、管理机制等因素的相对脆弱性分析

浦东新区在人群、产业、管理机制等方面的相对脆弱性相对较低，主要原因有：①浦东新区的创新群体比较优秀，包括创新企业和机构、创新团队和个人、创新合作和交流等，具有较强的创新能力、创新意识、创新需求等，能够保持较好的生存状况和发展机会；②浦东新区的创新产业比较先进，包括金融、贸易、科技、服务等多个领域，具有较强的创新性、创新强度、创新效率等，能够保持较好的发展状况和竞争力；③浦东新区的创新管理机制比较完善，包括创新政策、创新管理、创新激励、创新评价等多个环节，具有较强的科学性、灵活性、创新性等，能够保持较好的适应性和效果。

两江新区在人群、产业、管理机制等方面的相对脆弱性相对较高，

主要原因有：①两江新区的创新群体比较薄弱，包括创新企业和机构、创新团队和个人、创新合作和交流等，具有较弱的创新能力、创新意识、创新需求等，难以在重大突发事件冲击下保持较好的生存状况和发展机会；②两江新区的创新产业比较落后，以制造业为主，缺乏高附加值的服务业和创新型产业，具有较弱的创新性、创新强度、创新效率等，难以保持较好的发展状况和竞争力；③两江新区的创新管理机制比较滞后，包括创新政策、创新管理、创新激励、创新评价等多个环节，具有较弱的科学性、灵活性、创新性等，难以保持较好的适应性和效果。

江北新区在人群、产业、管理机制等方面的相对脆弱性相对中等，主要原因有：①江北新区的创新群体比较一般，包括创新企业和机构、创新团队和个人、创新合作和交流等，具有较好的创新能力、创新意识、创新需求等，能够在重大突发事件冲击下，保持一定的生存状况和发展机会；②江北新区的创新产业比较平衡，涵盖了制造业、服务业、创新型产业等多个领域，具有较好的创新性、创新强度、创新效率等，能够保持一定的发展状况和竞争力；③江北新区的创新管理机制比较一般，包括创新政策、创新管理、创新激励、创新评价等多个环节，具有较好的科学性、灵活性、创新性等，能够保持一定的适应性和效果。

雄安新区在人群、产业、管理机制等方面的相对脆弱性相对较低，主要原因有：①雄安新区的创新群体比较优秀，包括创新企业和机构、创新团队和个人、创新合作和交流等，具有较强的创新能力、创新意识、创新需求等，能够保持较好的生存状况和发展机会；②雄安新区的创新产业比较先进，以高端高新产业为主，具有较强的创新性、创新强度、创新效率等，能够保持较好的发展状况和竞争力；③雄安新区的创新管理机制比较完善，包括创新政策、创新管理、创新激励、创新评价等多个环节，具有较强的科学性、灵活性、创新性等，能够在重大突发事件下保持较好的适应性和效果。

第四节　本章小结

本章通过系统梳理创新生态系统相关研究，归纳了新区创新生态系统主体及其关系结构的变化。首先,基于区域创新生态系统相关理论,分析新区创新生态系统的主体、主体间结构关系及系统演化规律;其次,分析了新区创新生态系统的主体、主体间结构以及系统演化规律的影响,并分析了浦东、两江、江北和雄安新区的发展特点及作为案例新区的理由;最后,通过梳理归纳新区创新生态系统的脆弱性相关概念,分析了新区创新生态系统的脆弱性内容,基于历史重大突发事件冲击影响的经验分析,提出新区创新生态系统的脆弱性根源,并从地域脆弱性和人群、产业、管理机制等方面相对脆弱性,对四个新区的创新生态系统脆弱性根源进行了分析。

第四章 国家级新区创新生态系统韧性特征识别

第一节 研究设计

一 研究方法

目前新区创新生态系统韧性研究尚处于发展起步阶段。梁林等（2020）借助系统韧性化理念，提出了多样性、进化性、流动性、缓冲性四维度韧性特征，并借助计量手段对新区创新生态系统韧性进行评价。然而，定量研究难以回答新区创新生态系统韧性的内涵、特征及维度等问题。需要采用质性研究方法探索"是什么"并构建起相关问题的理论假设。质性研究是指在自然情境下利用归纳法探索社会现象或行为、了解其丰富内涵的整体性研究，是形成理论的一种重要手段与过程。与此同时，"韧性特征"这一现象普遍存在于新区创新生态系统之中，可将其视为自然情境下的社会现象，可采用质性研究方法分析，因此，本章拟解决的核心问题在于明晰新区创新生态系统韧性特征，探索其理论架构。

"大数据"概念由Toffler等学者于20世纪80年代提出（赵志耘和杨朝峰，2014），是一种信息时代特有的资源，具有强大的判断和分析能力。大数据不仅是数据集合体，而且是解决问题的模式（李广建和杨林，2012）。信息规模扩大的同时，数据呈现出复杂、庞大的特性，巨大的信息数量级为信息获取带来了挑战。数据挖掘能够从大量未加工的数据集中解析出数据间潜在关系以及有效的知识信息。内容分析法在质性研究的过程中经常被用来进行量化分析,是基于定性研究的量化分析方法,通过定性分析揭示外部现象及内部规律的相关关系,并通过定量分析呈现产生该现象的频次和可能性。内容分析法从新闻传播学的领域产生后,被广泛运用到社会学领域、图书情报等领域(邱均平等,2005)。通过对文本内容"量"的分析,从而克服定性研究的主观性和不确定性的缺陷,达到对文本"质"的认识。通过内容分析法,研究者可以探索文本资料的内容逻辑,保证研究结果的客观性和精确度(邱均平和邹菲,2004)。扎根理论适用于现有理论解释力不足的研究领域,从而发展新理论,这与本书的目的相符合。通过数据资料和分析的相互作用,提高结果的可信度。

本书属于探索性研究,且重点在于理论构建,将采用内容分析法和扎根理论,对所研究的新区的政策、新闻等内容进行分析,挖掘其隐含的内容,并对其赋分量化处理后,提取影响新区创新生态系统韧性的主要因素。

二 研究对象选取

对于研究对象的选择,本书按照扎根理论原则采取一系列策略,以确保研究的严谨性和深度。首先,研究对象选择由理论研究需求驱动,意味着研究对象选择需要围绕研究目的,选择能为理论框架构建提供最大化信息的样本,通过深入探讨特定的现象增强研究结果效度;其次,选择研究对象时特别注重样本质量,确保每个被选样本与研究问题紧密相关,从而保证研究结果的可靠性,各样本被视为具有代表性和特殊性的独特个体,最大化地保证捕捉到可能影响理论构建的细微差别;最后,确定研究对象的数量时,旨在保证每个样本能对理论发展具有实质性贡献,确保各研究样本能够提供有意义的见解和深度的分析,通过严格的样本选择过程,在理论上提供创新的视角,并对实践产生指导意义。

截至2024年,国务院共批准设立19个新区,根据设立19个新区所经历的探索期、实验期、成熟期和深化期四个阶段,本书拟从四个阶段分别选取一个代表性新区作为爬取数据的对象。考虑到新区的成立承担着国家重大发展和改革开放的战略任务,现在新区已经逐渐成为国家经济发展的重要"增长极"和区域发展的"支撑点"。所以,本书将新区的"辐射带动"及"经济增长"作为选择新区的标准。根据范巧和吴丽娜（2018）的新区对所属地省份经济的影响研究，确定以经济发展较好的新区为研究对象，最终确定数据采集对象为浦东新区（1992）、两江新区（2010）、江北新区（2015）以及最新设立的雄安新区（2017）。

浦东新区是我国成立的第一个新区，1992年浦东新区的成立掀开了中国深化改革的崭新篇章。直至2006年滨海新区升格为新区之前，浦东新区担任着重大发展改革和创新示范作用，形成了以创新驱动为主导的发展模式，带动了长江三角洲地区经济发展并辐射全国。在重大突发事件冲击下，浦东新区经济发展呈现出较强的韧性。国务院关于浦东新区构建"双循环战略"以及"自主创新新高地"的指示与创新生态系统演化过程中"系统性创新"特点相呼应（Cooke et al., 1997），并且与创新生态系统内要素之间相互作用的特征相吻合（袁潮清和刘思峰，2013）。由此可见，新区创新生态系统的优化发展符合中国新时期深化改革的新要求。

两江新区作为中国内陆地区首个新区，承载着国家对西部大开发战略的重大期望，继承了浦东新区和滨海新区的发展经验，成为继两个新区后的第三个新区。2011年，两江新区的战略地位被正式确立，其发展蓝图被纳入国家"十二五"规划中，标志着其在国家整体发展战略中占据了举足轻重的地位。两江新区不仅是地理意义上的新区，更是创新和发展理念的新区，面对全球性的重大突发事件挑战，两江新区迅速调整发展策略，加快产业结构的优化升级。两江新区积极推动产业向中高端水平迈进，特别是在绿色发展方面取得了显著成就，绿色理念深入人心，成为推动新区经济社会发展的强大动力。随着产业转型的深入，两江新区的产业含金量也在不断提升，两江新区通过引进和培育一批高新技术企业，加强与国际先进技术的交流合作，不断提高产业的技术含量和附加值，不仅提升了两江新区的产业竞争力，也为区域经济的长期健康发展奠定了坚实的基础。两江新区的发展，正成为中国西部乃至全国经济发展的新引擎，展现出无限的发展潜力和光明的未来前景。

江北新区位于中国东部沿海经济带与长江经济带的交会之地，是连接长三角与中国中西部地区的关键枢纽，地理位置不仅促进了区域内的经济互联互通，也为长三角地区的辐射带动作用提供了重要平台。江北新区的发展定位是国家级产业转型升级的示范区、新型城镇化的先行区以及开放合作的前沿区，充分体现了国家对江北新区在推动区域经济发展中所赋予的重要使命。江北新区的发展优势不仅体现在其优越的地理位置方面，还包括其雄厚的产业基础、丰富的创新资源和完善的基础设施，为江北新区的快速发展奠定了坚实的基础。经过几年的发展，江北新区在多个国家核心产业方面取得了显著成就，不仅体现在产业规模的扩大和产值的增长上，更体现在产业结构的优化和产业技术水平的提升上。江北新区通过实施一系列产业转型升级计划，成功引导了传统产业向高附加值、高技术含量的方向发展。同时，江北新区也积极拓展新兴产业，特别是在高科技、生物医药、新能源和新材料等领域，江北新区已经形成了一批具有国际竞争力的企业和产品，为江北新区的长期可持续发展奠定了坚实基础，也为中国的产业转型升级和新型城镇化提供了宝贵经验。

雄安新区作为最年轻的新区，以高起点规划、高标准建设，打造高质量发展样板。2018年4月《河北雄安新区规划纲要》出炉，成立时仅104万人口的雄安新区，2019年地区生产总值达到215亿元。2020年雄安新区转入大规模建设阶段，城市服务能力显著提升，雄安新区活力持续增强。2021年雄安新区大规模开发建设向纵深推进，在建设过程中彰显了"绿色、智慧、韧性"特色。国务院指出，要贯彻落实新发展理念，促进生产要素合理有序流动，增强雄安新区内生发展动力，探索出一条高质量发展的新路径，并使其产生强大的创新引擎。

综上所述，浦东新区、江北新区、两江新区以及雄安新区作为新区建设历程中代表性新区，为本书提供了极佳的研究对象。面对重大突发事件冲击的局面，新区不仅需要抵御不确定性冲击，恢复到平衡状态，更要转危为机，韧性研究将优化新区创新生态系统应对外部冲击的能力，使其获得进化机会。中共中央对于浦东新区"树牢风险防范意识"的要求，表明增强新区创新生态系统韧性将成为新区下一步发展的重点。建立韧性监测体系是本书新区创新生态系统拟出的治理策略，而识别系统的韧性特征是韧性治理策略的第一步。鉴于此，本书将以浦东新区、江北新区、两江新区以及雄安新区四个新区为对象对韧性特征因素进行分析。

三 文本内容获取

（一）文本网站选取

本书旨在深入分析人民网关于新区的新闻报道，以此作为理解新区发展动态和政策导向的文本基础。人民网作为中国领先的新闻发布平台，其报道以权威性、及时性和多样性闻名，为公众提供了一个可靠的信息来源。在数据收集过程中，考虑到可能存在的数据缺失或信息不全的情况，本书采用了"中国知网—中国重要报纸全文数据库"作为辅助数据源，中国知网收录了众多重要报纸的全文内容，为研究提供了一个全面的数据补充。通过双重数据获取策略，本书确保所获得的资料全面，且具有较高的可靠性和客观性。

（二）研究工具

在数据爬取方面，本书采用深圳视界信息技术有限公司研发的信息采集软件八爪鱼数据采集系统编程语言。在人民网分别以"浦东新区韧性""江北新区韧性""两江新区韧性""雄安新区韧性"为关键词进行检索，得到浦东新区文本资料 52808 篇、江北新区相关资料 111614 篇、两江新区相关资料 109739 篇、雄安新区相关资料 107540 篇。在数据分析方面，本书采用 Nvivo11 软件进行扎根理论编码，并采用 ROST Content Mining 6（ROST CM6）软件进行内容分析。

四 文本内容预处理

首先，对采集到的文本资料进行整理，对爬取的数据进行清洗，剔除与研究主题无关的文字、段落符号、英文缩写等内容，并剔除掉因为文本太短而不能进行分析的新闻报道（例如"今日开展人才招聘会"等）；其次，对文本资料中表示和指向同一事物的名称进行统一，以便于进行高频特征词的频数统计；再次，对数据去重，剔除掉含有大量重复信息的报道；最后，将处理过的文档保存为文本文件。为保证此环节的科学性和合理性，由一名博士生和一名硕士生共同参与。

为确保文本编码工作的科学性和完善性，本书采取以下策略：①编码人员，组建编码小组随机抽取部分数据交由编码者独立编码，之后进行一致性检验；②编码手段，扎根理论对研究者面对情境因素所迸发的灵感给予高度认可，因此，采用人工编码和软件编码相结合的编码手段；③编码过程，编码者严格遵守逐级编码程序，遵循连续比较原则，修正和充实所发展的理论，具体如图4-1所示。

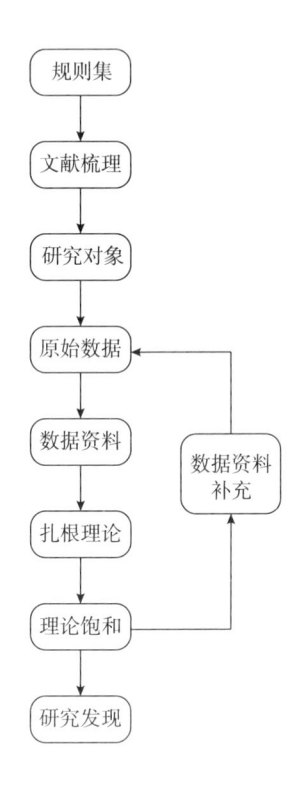

图 4-1 扎根编码流程

资料来源：李亮等：《管理案例研究：方法与应用》，北京大学出版社2020年版，第25—26页。

第二节 国家级新区创新生态系统韧性特征分析

为探究新区创新生态系统韧性特征，采用扎根理论对所收集的资料进行深层次编码分析，由下至上建立理论。编码是由数据生成理论的重要环节，扎根理论强调归纳与演绎交替进行，通过开放性编码、主轴编码与选择性编码三阶段编码程序，挖掘资料的范畴，识别范畴的性质及其间的关系。

本书对采集到的信息进行清洗后,由于样本量较大,对浦东新区文本资料采取以 50 为间距的等距抽样,并对其他三个新区文本资料采取以 100 为间距的等距抽样的方式,将收集到的资料抽样为 1056 篇浦东新区相关资料、1116 篇江北新区相关资料、1097 篇两江新区相关资料、1075 篇雄安新区相关资料。

采用 NVivo 软件对四个不同新区相关资料进行编码分析。对各新区的 1000 篇新闻文本资料进行逐级编码,以构建初步的理论框架,此过程涉及资料语义内容的深度分析,以及对不同主题和概念之间关系的识别和分类。为验证理论框架的饱和度和可靠性,利用各新区剩余的新闻文本资料进行同样的编码工作,以检验理论度是否已经达到饱和状态,同时确保所构建的理论框架能够覆盖全部研究主题,且在不同数据集中具有一致性和稳定性。为保证数据处理的信度和效度,两位编码人员分别进行编码,只有在两人编码检测一致时研究才能继续进行。当编码检测不一致时则进行讨论直至编码一致为止。

一 特征因素开放性编码

通过对初始新闻文本资料进行反复对比分析和归纳整合,找出反复出现的词语、主体或概念,发现其中隐含的现象,将现象进行概念提取,并按照其共性归集为同一类别进行编码,得到初始范畴。

依据"原始资料—贴标签—概念化—范畴化"流程,在开放式编码阶段,由两位研究者对原始文本进行双盲编码,具体示例如图 4-2 所示。以浦东新区为例,按照最大可能性原则,第一步,原始资料通过贴标签建立了 421 个节点(aX);第二步,通过提炼标签进行概念化,挖掘出产业聚集、科技创新、资源配置等 93 个节点(AAX);第三步,进一步提炼概念进行范畴化,归纳概念间的逻辑关系,形成了 38 个初始范畴(AX)。两位研究者提出的相同代码共 346(CX)个,内部一致性为 82%,达到 80% 以上,属于可接受范围,对以上相同代码进行保留(邱均平和邹菲,2004)。浦东新区开放式编码示例如表 4-1 所示,两江新区开放式编码示例如表 4-2 所示,由于编码内容较多,正文展示部分编码示例,详细编码内容见附录 A。

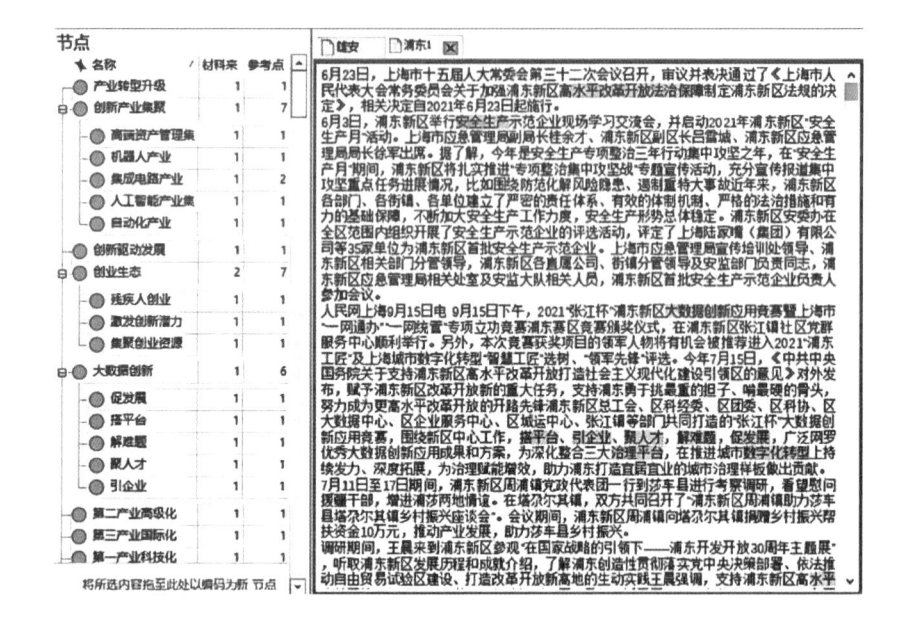

图 4-2　开放式编码示例

表 4-1　　　　　　　　　　浦东新区开放式编码示例

文本资料	贴标签	概念化	范畴化
《浦东新区产业发展"十四五"规划》和《浦东新区促进制造业高质量发展"十四五"规划》双双发布。"十四五"时期，浦东将成为高端产业聚集引领、科技创新策源显著、要素资源配置极佳、开放枢纽功能强劲、引领经济高质量发展的产业高地和国内国际双循环的战略要地	a1 制造业高质量发展 a2 高端产业聚集引领 a3 科技创新策源显著 a4 要素资源配置极佳 a5 经济高质量发展	AA1 产业聚集（a2） AA2 科技创新（a3） AA3 资源配置（a4） AA4 高质量发展（a1, a4）	A1 产业聚集（AA1，AA4） A2 科技创新（AA2，AA4） A3 资源配置（AA3，AA4）
新华社北京 11 月 11 日电……着眼进一步激发市场主体活力、扩大消费和有效投资并举更大释放内需潜力	a6 激发市场主体活力 a7 扩大消费 a8 有效投资 a9 更大释放内需潜力	AA5 市场活力（a6） AA6 扩大消费（a7） AA7 投资（a8） AA8 释放内需（a9）	A4 市场活力（AA5，AA6，AA7，AA8）

表 4-2　　　　　　　　两江新区开放性编码示例

文本资料	贴标签	概念化	范畴化
10月28日，两江新区发布消息称，位于两江数字经济产业园的博拉网络正式推出AI视觉智能监控技术，可实现服饰识别、高空抛物识别、遗留物检测识别、区域入侵识别、烟雾火灾报警识别、人群聚集识别等	a1 数字经济产业园 a2 AI视觉智能监控技术	AA1 数字经济（a1） AA2 人工智能监控技术（a2）	A1 数字经济转型（AA1） A2 人工智能（AA2）
目前已在两江新区成立SiC芯片设计公司，目标是打造全球一流的SiC IDM公司，形成集芯片设计、制造、封装、测试、系统模块和解决方案等于一体的高技术和高质量产业链	a3 芯片设计 a4 芯片设计、制造、封装、测试、系统模块和解决方案 a5 高技术高质量产业链	AA3 芯片产业（a3, a4） AA4 高技术高质量产业链（a4, a5）	A3 产业聚集（AA3, AA4）

二　特征因素主轴性编码

开放性编码的目的是总结现象、形成范畴。开放性编码完成后，需要进一步进行特征因素主轴性编码。主轴性编码对开放性编码形成的初始范畴进行聚类分析，使开放性编码中被分割的初始范畴建立关联，经过聚类组合，形成各范畴之间存在的联结关系。为了检验初始范畴的真实性和可靠性，主轴性编码过程需要将开放性编码过程所得到的初始范畴再次放回到原始评论文本中进行分析，使不同初始范畴之间按照一定逻辑关系进行分类，进而形成主范畴。按照"条件—行动—结果"的范式对初始范畴进行整合，并挑选与研究问题最贴切的范畴形成主范畴。例如，"经济增长""发展教育""文化建设""绿色产业""推进生态治理"5个范畴可以在这一范式下被整合为一条轴线：新区通过大力发展经济确保充足的资金储备，通过发展教育和文化建设确保人才储备，并通过发展绿色产业和生态治理改善其自然环境、提升自然资源储备，在面对外部冲击时，新区的资源充裕度可以使其具备应对能力。该过程反映了新区资源储备的提升，因此，把这些范畴整合在"资源充裕度"主范畴之下。本书将38个初始范畴整合形成9个主范畴。主轴性编码形成的9个主范畴，基本已经涵盖了影响新区创新生态系统韧性的所有因素，主范畴的含义如表4-3所示。

表 4-3　　　　　　　　　　主轴编码结果

编号	主范畴	初始范畴
1	资源充裕度	经济增长，发展教育，文化建设，绿色产业，推进生态治理
2	系统结构	社会治理，城市治理，体制机制创新，产城融合，服务体系
3	风险防控	风险防控，法治保障，市场监管
4	资源利用	资源集聚，研发，消费集聚，高水平改革开放
5	资源配置	资源配置，产业集聚，产业升级，人工智能，数字化转型
6	信息交互	人才引进，交通运输，赛事举办，5G 技术
7	主体间交流	市场活力，合作，城市吸引力，协同发展
8	产生新主体的能力	创新主体，高新企业，自主创新，科技创新
9	接受新主体的能力	创业生态，试验区，孵化器，就业服务

三　特征因素选择性编码

选择性编码是提炼高度抽象的核心范畴的过程，以核心范畴为核心、以主范畴和初始范畴为支撑的故事线可以解释整个研究的内涵。该过程通过对主轴编码形成的 9 个主范畴以及开放性编码得到的 38 个初始范畴进行梳理，在主范畴之间形成清晰的脉络，进而确立核心范畴，起到提纲挈领的作用。结合原始资料比较发现：①资源充裕度体现了"冗余度"的特征，是系统应对外部冲击的资源储备；②系统结构和风险防控体现了"缓冲性"的要求，是系统抵御外部冲击的关键；③资源利用和资源配置反映了"进化性"的特征，是系统在冲击下演化的动因；④信息交互和主体间交流体现了"流动性"特征，是系统在冲击下向更高层次进化的基础；⑤产生新主体的能力和接受新主体的能力可以归为"兼容性"维度，是系统演化的成果。该故事线可概况为：面对外部冲击，新区创新生态系统一方面通过提升资源充裕度进行资源储备；另一方面通过完善系统结构使其具备抵御冲击的能力，系统"冗余度"和"缓冲性"是新区创新生态系统具备抗扰动能力的前提。为有效应对冲击，新区创新生态系统通过资源利用、资源配置、信息交互和主体间交流不断演化发展。系统"进化性"和"流动性"是新区创新生态系统向更高层次进化的基础和关键。新区在持续的演化过程中，系统内逐渐产生并接受了新的创新主体，具备了"兼容性"。新区创新生态系统在上述过程中，通过构建"冗余度""缓冲性""进化性""流动性""兼容性"五维度特征以实现系统韧性，应对外部冲击，实现系统演化。因此，通过对主范畴之间的逻辑关系进行分析整合后，发现"冗余度""缓冲性""进化性""流动性""兼容性"五维度可赋予"新区创新生态系统韧性特征"的核心范畴。核心范畴提取过程如图 4-3 所示，核心范畴构建过程如图 4-4 所示。

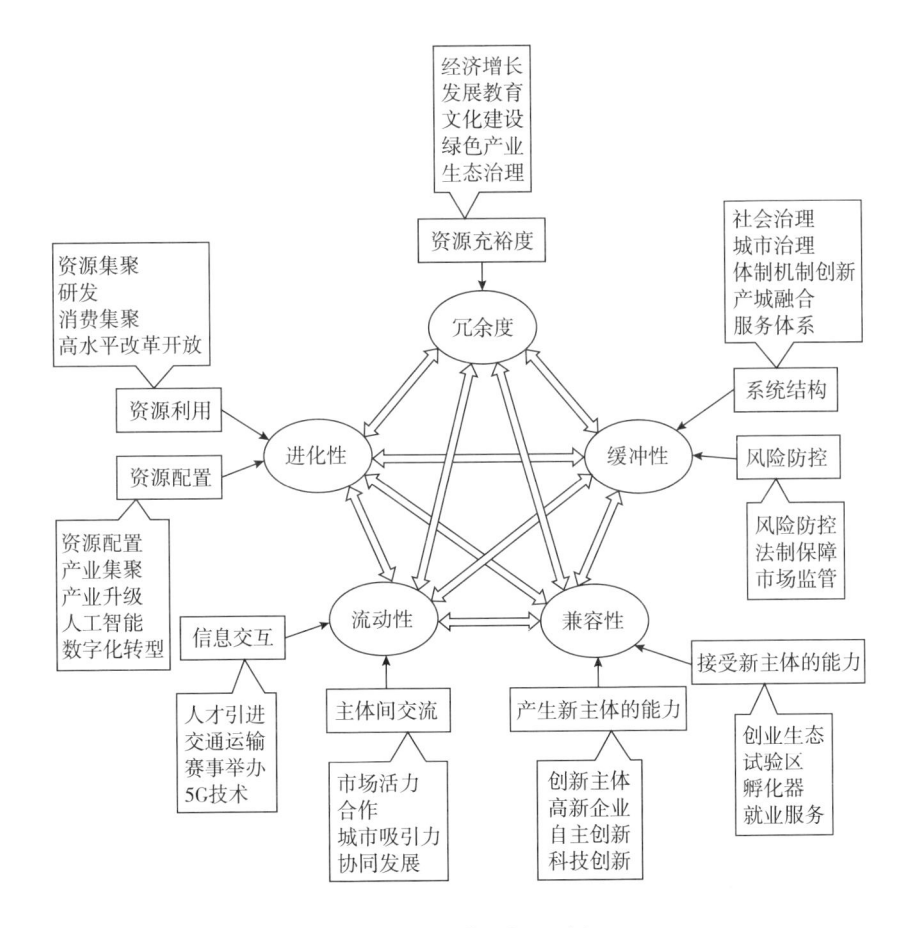

图 4-3　核心范畴提取过程

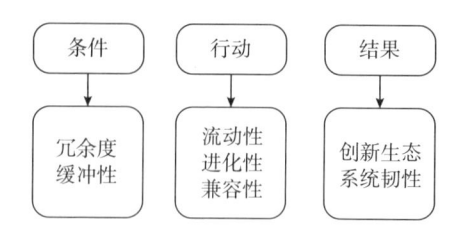

图 4-4 核心范畴构建过程

四 韧性特征因素结果讨论

经过扎根编码，将新区创新生态系统韧性构建为"冗余度""缓冲性""进化性""流动性""兼容性"五维度特征体系。

（一）冗余度

"冗余度"反映了系统内资源充裕的程度。从韧性视角看，在外部冲击下，冗余度越强，创新主体就越可能获得更多的试错与环境应答空间，从而有利于系统演化。系统中关键的功能应具有一定的备用模块，当受到外部冲击时，备用的模块可以及时补充，整个系统仍能发挥一定水平的功能，而不至于彻底瘫痪。具体来看，"冗余度"包括经济增长、发展教育、绿色产业及生态治理四个方面。在经济增长方面，浦东新区开放以来，GDP 从 60 亿元增长到 1.2 万亿元。江北新区发展态势迅猛，经济总量超过 3000 亿元，直管区 GDP 增速持续快于全市 5 个百分点，成为江苏省高质量发展的重要增长极。在发展教育方面，科技教育课程早已在浦东新区中小学校园扎根，培养更有创造力的新一代青少年，并广泛调动社会力量参与浦东公共文化建设。江北新区大力实施教育资源增量工程，通过一体化办学、引进名校资源等措施，满足市民对教育资源的需求。两江新区坚持高起点、高端化、国际化，建设教育高地，积极引进国内外知名院校、研究生实习基地在两江新区集聚发展。新区大力发展经济、发展教育，为自身创新生态系统提供了经济和人才储备。

发展绿色产业以及加强生态治理则为新区优化了生态资源储备。江北新区按照生态优先、绿色发展的基调精准规划产业定位，致力于走出一条具有南京特色的绿色发展之路，将南京长江岸线打造成绿色生态带。《浦东新区断头河整治三年行动计划》实施以来，浦东新区完成

566条断头河的整治工作。《雄安新区绿色金融规划报告》提出了对雄安发展绿色金融的具体设想。并且，环保部明确提出，要着力推进包括位于雄安新区的白洋淀在内的"老三湖"和"新三湖"水生态保护和水污染防治，坚持绿色发展，营造高质量发展环境。

（二）缓冲性

"缓冲性"来源于系统内部主体之间的关联程度，生物学系统内结构过于简单会导致脆弱性，提升内部结构复杂度是系统提高其缓冲性的关键。新区通过推进政府治理体系和治理能力现代化、机制体制创新、完善服务体系和社会建设，为新区创新生态系统发展演化提供机制保障。浦东新区不断探索与现代经济社会发展相适应的社会治理体制机制，打造"家门口"服务体系、社会治理智能化系统和政务公开试点，提升城市治理智能化水平，并围绕就业创业、社会救助、社会保险、户籍管理、医疗卫生，满足群众高品质生活。江北新区构建智慧高效政务服务体系，在城市配套和公共服务方面，江北新区在文化、教育、医疗等服务配套全面的基础上，进一步强化重大民生工程建设。加快推进产业建设、营商环境、社会治理、城市建设、生态环境等进程。两江新区实施"金凤凰"政策体系，搭建线上平台服务专项窗口，打造"智慧之城"，实现区域之间城市管理和服务体系智能化建设同步推进。雄安新区推进公共体育服务体系、卫生与健康服务体系、新区公共就业服务体系等体系建设，并不断促进金融体制机制创新、就业创业体制健全、区域合作体制建立、大数据管理体制机制建设等。

此外，持续有效的风险防控措施同样是应对外部冲击的关键。新区不断完善风险防控体系，全面维护国家政治安全、经济安全、金融安全、网络安全、数据安全。浦东新区创新监管场景，初步构筑浦东新区经济领域重大风险防范化解体系，并将人工智能融入浦东的城市和产业中，助力城市从智能化向智慧化发展，让城市更安全、更宜居。在法制保障方面，《上海市人民代表大会常务委员会关于加强浦东新区高水平改革开放法治保障制定浦东新区法规的决定》支持浦东新区自主建立相适应的法治保障体系。重庆在"两江四岸"治理提升项目中，对韧性城市建设进行了多样性探索，建立起了较为完善的海绵城市建设工作机制和技术体系，极大地减少了径流污染物排江的总量。

（三）进化性

"进化性"指系统在受到外部冲击时的自主进化及学习能力，具体来说，"进化性"包括资源利用和资源配置两个方面。其中，创新资源集聚和研发提升了资源利用效率。浦东新区打造集聚全球创新资源的"强磁场"战略，大力聚集高端创新资源，形成了较高水平的对外开放体系，外资研发机构集聚度全国领先，拥有超过2000家高新企业。同时，浦东新区重点提升中高端商品集散能力，推进中高端消费集聚，引进国内外知名运营商、零售商和品牌商，集合新品牌资源。江北新区大力培育高新技术企业，集聚国际创新资源，高新技术企业总数超过1000家，芯片之城、基因之城、新金融中心建设粗具雏形。两江新区正着力集聚全球创新资源，汇聚名校大院及高端人才团队，深入推动"产业、人才、生活、生态"四个协同发展。两江新区还狠抓招商引资，投资额重庆市第一。

产业集聚提升了资源配置效率，降低了沟通和时间成本。《浦东新区产业发展"十四五"规划》指出，浦东新区将建设成为高端产业集聚引领、科技创新策源显著、要素资源配置极佳、引领经济高质量发展的产业高地。如今，浦东新区已经成为全国最大的战略性新兴产业集聚地，在金融科技、生物医药、集成电路、航空航天、人工智能等行业形成产业集聚优势，打造科技创新产业集群，构建新发展格局，推动高质量发展。人工智能和数字化转型为浦东新区演化发展赋能，推动人工智能和实体经济的融合创新，有助于加快浦东及上海的产业升级和城市建设。2017年，首批国家人工智能开放创新平台入驻雄安新区。此外，江北新区研创园持续聚焦大数据产业，以打造国内领先的大数据产业集聚中心为目标，引进了江苏省大数据管理中心、国家健康医疗大数据中心、离岸大数据中心等重点项目，发挥区域经济中心优势和产业辐射能力，支撑产业升级。两江新区重点探索数字产业发展和制造业数字化转型，大数据智能化创新深入推进，高技术制造业和战新产业（制造业）产值占比超过50%，两江新区汽车产业联盟、智能产业联盟正式启动，集聚技术和人才资源，高质量发展动能更加强劲。

（四）流动性

"流动性"用以描述系统的活力和适应性，指生态系统内部以及该系统与其外部环境之间，各种资源的自由流动和交换能力。流动性不仅促进了系统内部的高效互动和沟通，而且还推动了系统向更高级别的创新网络发展。系统内部的流动性确保创新主体可以自由地交换思想和资源，从而加速了知识的传播和技术的进步。当面对外部挑战或冲击时，具有高度流动性的系统能够通过快速响应和资源调配来适应变化，使系统能够有效地填补由于市场波动或其他重大突发事件而产生的缺口。随着全球化和技术革新的加速，系统的流动性变得越来越重要，不仅是系统能够持续进化和保持竞争力的关键，也是实现可持续发展和长期繁荣的基础。因此，构建和维护高度流动性的创新生态系统，对于寻求在不断变化的全球市场中脱颖而出的组织来说至关重要。

各个新区尝试采用各种措施及政策引导，构建高流动性的创新生态系统。《关于支持浦东新区高水平改革开放打造社会主义现代化建设引领区的意见》指出，浦东新区将建立全球高端人才引进"直通车"制度，提高对资金、信息、技术、人才、货物等要素配置的全球影响力。江北新区持续完善项目引才、海外引才、校友引才、柔性引才机制，打造人才政策高地、人才集聚高地和人才生态高地，并建设了国家级海外人才创新创业基地，成立南京市首家"国际人才服务中心"，致力于将江北新区打造成为海内外人才的向往之地。两江新区着力创新人才引进方式、构建人才培育平台、完善人才发展体系，为两江新区高质量发展聚智汇力。上海港集装箱吞吐量已连续8年排名世界第一，其中浦东港口占比超九成。浦东新区、两江新区、江北新区均成功举办多种赛事，包括体育赛事、技能大赛、知识竞赛、创新创业大赛等，为各行各业人才提供交流和展示的平台，推动创新成果转化。此外，中国移动和中国联通已在四个新区完成了5G网络覆盖。

新区通过活跃市场、鼓励企业合作、政企合作等方式促进系统内主体间交流，提升城市吸引力。浦东新区发布中国首部法治化营商环境专题白皮书，通过营商环境的优化激发市场活力。浦东新区大力推进产学研协同创新，整合高校在科研设备、学术资源上的优势和企业拥有的市场实践经验。自江北新区成立以来，南京片区市场活力不断被激发，营商环境进一步优化，全面提升国家新区区域服务能力，在创新创业环境打造、体制机制创新、人才培育培养方面发挥着重要作用。

（五）兼容性

"兼容性"描述不同要素间的协调程度，要素可以是硬件之间的互操作性、软件之间的兼容性，或者是软硬件组合系统内部各个组成部分之间的协调工作。兼容性确保了创新生态系统内部的各个要素能够在运行过程中相互配合，从而促进系统的活跃性和适应性。创新主体在系统内部相互作用，通过人才流、信息流、资金流、物资流等多种创新要素的流动，实现系统内外的交换。企业间的技术合作、科研机构的知识共享、政府的政策支持，均为兼容性的体现，主体间的协调性不仅有助于系统内部的高效互动和交流，还表明系统具备产生和接受新的主体的能力。多样化的创新主体对于创新生态系统的发展至关重要，能够显著提升系统的创新速率和成功率，通过自主创新和科技创新，不仅推动了现有技术的进步，还为系统注入了新的活力。因此，具备高度兼容性的创新生态系统能够更好地适应外部环境的变化，实现向更高层次创新生态网络的演化。

具体到各新区创新生态系统兼容性方面，浦东新区是科创中心建设主战场，其新的战略定位强调"全力做强创新引擎，打造自主创新高地"，打造全球科技创新的策源地。在科创大时代的背景下，浦东新区正采取系列举措支持科技创新：一是设立产业创新中心；二是设立浦东科创母基金；三是通过浦东科创集团开展产业投资和科技金融服务，构建全生命周期全产业链的支持体系。江北新区打造创新热土，形成"创新强磁场"，吸引并培育了多家独角兽企业和瞪羚企业，新区集成电路、生命健康等千亿级地标产业快速壮大。

在创业生态方面，浦东新区持续优化创新创业生态体系建设，增强创新策源能力，全力培育优质创新创业主体、推动重大科技基础设施和研发中心落地。浦东将持续优化创新创业生态体系建设，增强创新策源能力，全力培育优质创新创业主体。在创新创业大赛中，得益于更加开放创新的产业生态，浦东新区优胜企业占上海市的1/3，排名第一。江北新区是中国（江苏）自由贸易试验区南京片区建设承载地，孵化器内企业运营情况良好，拥有众多科技企业以及在孵高新企业。江北新区目前正大力整合创新资源，加快构建江北新区高校创新集聚带，进一步完善创新生态体系建设。两江新区通过持续加大创新支持力度、优化创新生态环境，健全创新平台体系，推动科技创新和产业创新，吸引了大批全球领先的高精尖企业落户，两江新区积极打造了两江数字经济产业园、礼嘉智慧生态城、两江协同创新区三大创新平台，集聚市级以上研发平台256个，国家级创新基地6个，高新技术企业413家，深度布局科技创新生态。这一科技创新生态既成为两江新区经济实现高质量发展的新坐标，也是两江新区建设长江上游地区创新中心的重要空间载体。通过女性创业指导、残疾人就业指导，激发其学习的动力，助力后续发展。

五 韧性特征因素检验

（一）理论饱和度检验

浦东新区、两江新区、江北新区和雄安新区等在编码过程中的新构念和新关系的变化趋势如图4-5至图4-8所示。由图4-5至图4-8可知，四个新区的编码都已经达到饱和。江北新区在早期编码阶段的新构念和新关系都出现了很大的波动，这是因为新闻报道中存在的有效信息量存在差异，在编码理论尚未饱和阶段波动较大。

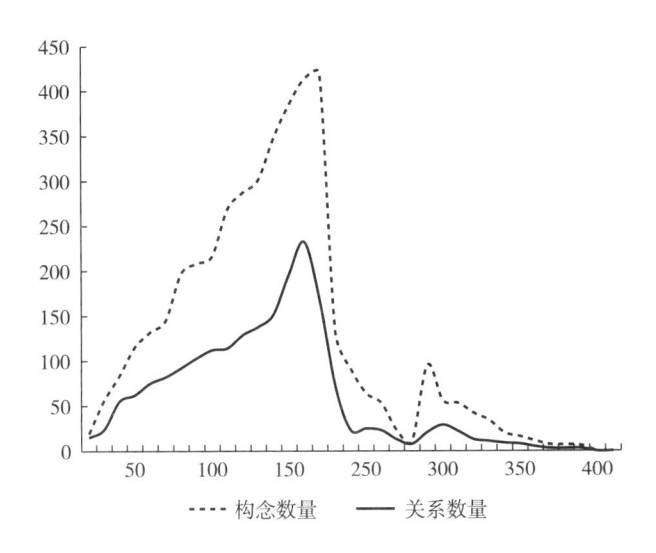

图4-5 浦东新区编码过程

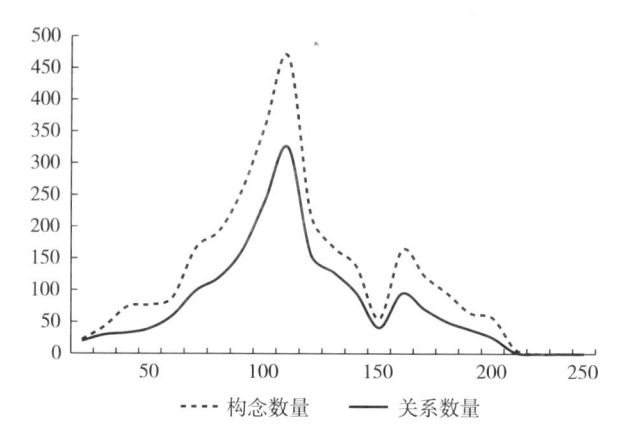

图 4-6　两江新区编码过程

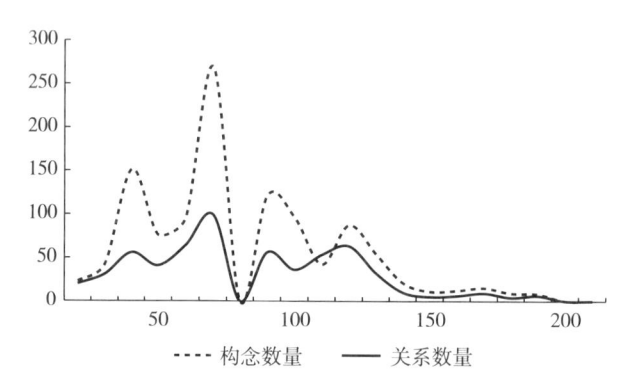

图 4-7　江北新区编码过程

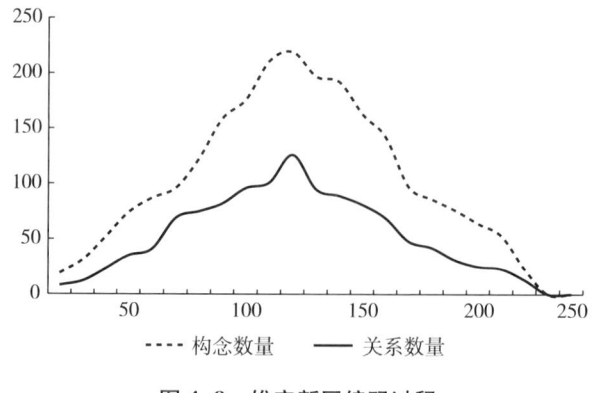

图 4-8　雄安新区编码过程

并且，利用剩余 344 篇资料对本书形成的理论进行饱和度检验，发现继续添加新资料进行三级编码之后，并没有新的概念或范畴出现。因此，本书的理论建构已经达到饱和状态。

（二）信度效度检验

根据文本分析策略，编码人员、编码手段、编码过程确保了研究信度。通过复证可以检验信度，即至少两名编码员同时对文本进行编码，信度的判定需谨慎对待两名编码人员的差异化意见（Babbie，2020）。采用一致性系数衡量研究信度，系数运算式为 $K=\dfrac{2M}{N1+N2}$。其中，M 表示两名编码者全部同意的单元数，$N1$、$N2$ 分别表示 1 号、2 号编码者解读的单元数。本书中，$M=81$，$N1=93$，$N2=89$，计算可得 $K=0.89$。一致性系数在 0.8 以上，则本书编码结果可接受。

效度表示通过实证测量解释概念内涵的水平（Babbie，2020）。本书在理论构念、文本资料、相关文献之间不断进行循环比较，从而提高构念效度；通过复制的方法对四个新区数据进行研究，从而提高外部效度；通过理论饱和度检验提高内部效度。本书的数据来源具有较强的说服力和权威性，且数据爬取过程中力求保证文本材料的完整性和全面性。同时，两名编码员以互斥原则最大限度地细分韧性特征因素，并借鉴梁林等（2020）建立的韧性特征体系，在一定程度上克服了个人主观性问题。

第三节 国家级新区创新生态系统韧性特征因素典型案例分析

一 韧性特征因素分析框架构建

"韧性"的概念最早起源于生态学，从"平衡性"演变到"适应性"（Folke，2006），韧性概念的演进经历了工程韧性、生态韧性、演进韧性三个阶段。学术界对韧性的理解也经历了系统具有单一的均衡状态、具有多种均衡状态，到认识系统的非均衡演化特性，即不存在一个绝对的均衡状态。自韧性概念在 20 世纪 90 年代被引入人类生态领域以来，演化出了城市韧性、区域经济韧性等新范畴（李彤玥，2017）。

新区承载着国家战略发展和改革开放的重任，是国家经济发展的核心增长极。目前，面对新一轮科技革命的影响，新区须把握复杂形势下的发展机遇、提升自主创新能力、加速产业优化升级,从而促进新经济高质量发展。国家高度重视大数据对经济发展的作用,通过一系列政策的出台,以期通过大数据技术在众多领域实现应用价值。目前,学术界对城市韧性和区域经济韧性的解读均存在一定争议,在评价指标体系的构建方面,研究结果也不尽相同。对比国内外学术界对韧性特征的研究,结合新区创新生态系统的特点,提取新区创新生态系统韧性特征因素,成为本书研究的起点。

为探究新区创新生态系统韧性特征,对所收集的资料进行内容分析,建立理论模型。本书系统回顾梳理了以往关于系统韧性的研究,如梁林等(2020)提出的创新生态系统四维韧性特征包括多样性、进化性、流动性、缓冲性。本书在借鉴前人研究的基础上,结合一般系统韧性特征以及创新生态系统四维韧性特征,并充分考虑到演进韧性的动态性特征,基于以上情况,构建了新区创新生态系统韧性五维特征框架,包括冗余度、进化性、流动性、缓冲性、兼容性。

二 内容分析结果

(一)高频特征词分析

通过内容分析法解读文本并开展集中性编码。本书将收集到的近100万字文本资料,借助 ROST CM6 软件对全部新闻文本资料进行分析处理,通过提取关键词,并进行词频统计,以进一步刻画韧性特征。本书采用 ROST CM6.0 软件的自定义分词词表和词频统计过滤词表,过滤掉如"当天""上午""刚刚""迈出"等意义较为宽泛的词。为充分保证新闻文本分析的科学性和精确性,本书在通过本文分析软件进行关键词提取和词频分析后,进一步采用人工分类的方式,根据关键词语义进行统一分类。通过 ROST CM6.0 软件提取四个新区新闻报道的高频特征词,选取词频前50位的词进行分析,高频词如表4-4所示,完整词频分析结果如附录 B 所示。

表4-4 研究对象高频词

浦东新区高频词	词频(次)	两江新区高频词	词频(次)	江北新区高频词	词频(次)	雄安新区高频词	词频(次)
开放	1022	企业	1922	企业	3025	项目	745

续表

浦东新区高频词	词频（次）	两江新区高频词	词频（次）	江北新区高频词	词频（次）	雄安新区高频词	词频（次）
改革	846	项目	1754	项目	2842	企业	352
创新	710	创新	797	创新	1352	资源	331
教育	512	智能化	620	投资	810	京津冀	277
项目	496	合作	575	人才	712	生态环境	270
企业	413	开放	569	高新	614	教育	253
文化	382	投资	535	合作	574	新区规划	238
人才	327	教育	512	教育	573	创新	205
金融	296	高新	455	资源	447	合作	189

从浦东新区新闻报道的高频词来看，"开放"和"改革"是出现次数最多的词，从建立全国第一个保税区、第一个自由贸易试验区，到浦东新区"十四五"规划强调加大对外开放力度，开放促使浦东新区在30年间实现跨越式发展。"开放"体现了浦东新区创新生态系统主体之间交流频繁，信息交互通畅。浦东的开放吸引了超过3万家外资企业，不仅带来了人才流、信息流、资金流、物资流等各种创新要素，更促使了创新要素之间的交流互动，具备"流动性"特征。在创新要素之间以及要素与环境的不断作用之下，浦东新区创新生态系统的要素构成不断优化，资源利用和资源配置不断升级，具备"进化性"特征。紧随其后的高频词为"改革"，浦东新区以开放促改革，引领高水平改革开放和社会主义现代化建设。改革使浦东的自学习、自适应能力持续提升，使浦东新区具备产生新主体以及接纳新主体的能力。

"创新"是持续性的过程，要求系统内部要素互相配合运行，以实现改革和创新成果，体现了浦东新区具有"兼容性"特征。"教育""项目""企业"等高频词反映了浦东新区在经济增长以及发展教育方面有着充足的资源，是充裕度和丰富的创新主体，具备"冗余度"和"兼容性"特征。除此之外，"资源""合作""科技创新""人工智能""数字化转型""集聚""产业集群"均体现了浦东新区在资源利用和资源配置方面的优势，反映了"进化性"特征。"交通""交流""贸易""市场""国内国际双循环"奠定了浦东新区创新生态系统主体之间交流的通道，体现了"流动性"特征。"治理""法治""市场监管""营商环境"为系统提供了抵御外部冲击的防御机制，提升了系统内主体间的联系结构复杂度，体现了"缓冲性"特征。

两江新区新闻报道高频词中"企业""项目""创新"位列前三，反映了两江新区大力丰富创新主体数量，并促进系统内不断产生新的创新主体，具备"兼容性"特征。并且"智能""高新""科学城"在两江新区高频词中位列靠前，进一步体现了两江新区作为中国内陆第一个新区对提升创新能力的重视程度，致力于提升其创新生态系统产生并接受新主体的能力，进一步巩固系统"兼容性"。此外，"合作""开放""交通""贸易""一带一路"等高频词反映了两江新区推动系统内主体间的交流，以及系统和外部的交流，确保信息交互通畅，体现了"流动性"特征。"资源""研发""产业链""数字化""人工智能"等高频词体现了两江新区充分利用创新资源，优化资源配置，推动创新生态系统不断进化。同时，"教育""大学""生态环境"体现了两江新区努力丰富其资源充裕度，打造其创新生态系统"冗余度"。此外，"治理""政务""智慧城市"等高频词体现了两江新区为抵御外部冲击所做的努力，打造系统"缓冲性"。

江北新区新闻报道高频词中"企业""项目""创新"同样位列前三，体现了其创新生态系统"兼容性"特征。紧随其后的高频词是"投资"和"人才"，体现了江北新区大力吸引人才和资金，同时通过"合作""交通""开放""招商""营商环境"促进系统内主体间的交流，体现了"流动性"特征。江北新区作为国家级产业转型升级和开放合作示范新区，在资源利用和资源配置方面持续发力，"资源""医药""智能化""研发""产业链""人工智能""数字经济"等高频词体现了其"进化性"特征。并且，"教育""文化""生态环境"反映了江北新区提升其资源储备的"冗余度"；而"治理""服务平台"反映了江北新区同样为打造系统"缓冲性"做出的努力。

从雄安新区新闻报道的高频词来看，出现最多的词是"项目"和"企业"，反映了系统"兼容性"特征。值得注意的是，"京津冀"在高频词中位列第四，可以看出雄安新区大力推动区域协同发展，同时为系统主体间的交互以及系统内外间的交互提供通道，具备"流动性"

特征。紧随其后的高频词"生态环境"以及"教育"体现了雄安新区提升其资源充裕度，具备"冗余度"特征。"改革""信息化""大数据""人工智能"体现了雄安新区作为最年轻的新区，同样致力于提升资源利用和资源配置效率，打造系统"进化性"。此外，"新区规划""服务平台""基础设施""智慧城市"为雄安新区提供抵御外部冲击的防御力，体现了系统"缓冲性"特征。

（二）高频词语义网络分析

语义网络通过高频词之间的关系反映文本内容的深层次结构关系。语义网络由代表高频词的节点和连接节点的弧组成，弧表示所连接节点之间具有语义联系。为进一步挖掘高频词背后的真实含义，通过高频词找出其中的关联性，利用 ROST CM6 分析浦东新区、两江新区、江北新区和雄安新区的新闻报道高频词语义网络关系，如图4-9至图4-12所示。

如图4-9所示，浦东新区新闻报道高频词语义网络中，语义结构大致可以分为三个层次：第一层次是核心圈，由"开放"和"创新"两个中心节点和所连接的"企业""项目""改革开放""社会主义现代化建设引领区"组成，是高频词语义联结最紧密的圈，这些高频词共同作用组成了浦东新区最核心特质。第二层次是次核心圈，由"改革""合作""教育""资源""人才""金融""全球""高水平改革开放"等高频词组成，是对核心圈高频词的进一步拓展，反映了浦东新区创新生态系统的重要构成要素。第三层次是外围圈，主要包括"创业""自贸""市场""大学""文化""人工智能""生态""治理"等高频词，是对核心圈和次核心圈的进一步丰富。浦东新区新闻报道语义网络通过"核心—次核心—外围"结构，将浦东新区最具代表性的特征及其内部结构反映出来。

同时，"企业—创新—社会主义现代化建设引领区""改革—开放—投资""人才—项目—改革开放—社会主义现代化建设引领区""人才—开放—企业—创新""企业—开放—集聚"形成了关系网络中重要的关系链。"开放"是浦东新区的高频核心词，与之关系密切的词如"改革""企业""人才""集聚"等，一定程度上反映了浦东新区围绕开放所带来的流动性优势，提升自身资源充裕度、优化资源配置、促进更多创新主体的产生，使其创新生态系统具备冗余度、进化性、兼

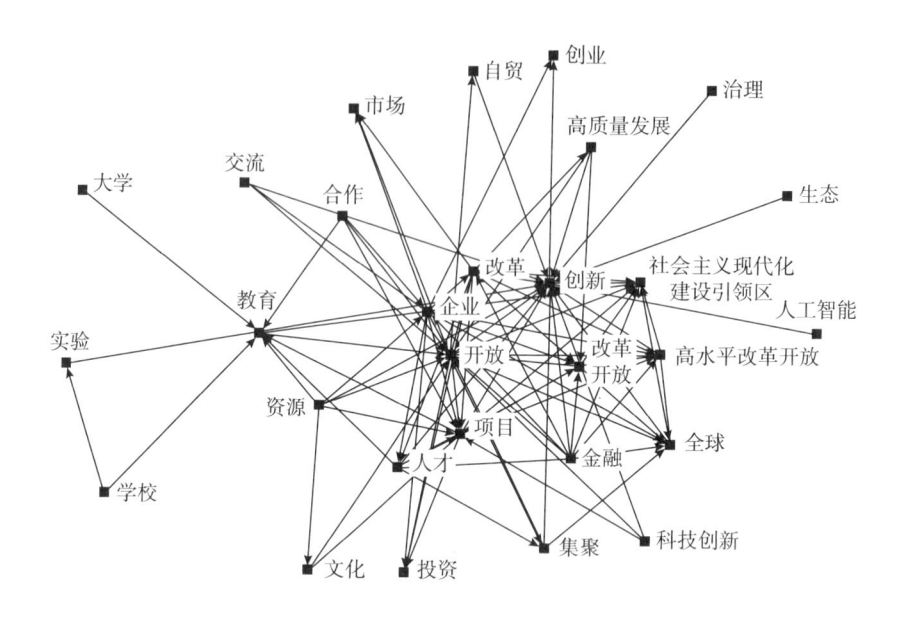

图 4-9　浦东新区新闻报道高频词语义网络

容性等特征。此外，围绕"创新"这一中心节点，密切分布着"企业""改革""项目""人才"等节点，表明浦东新区围绕创新带来的兼容性优势，进一步吸引人才、项目和企业进驻，接纳更多创新主体，进一步提升其创新生态系统的流动性、进化性以及冗余度。可以看出，浦东新区的流动性优势促进了冗余度、进化性、兼容性的提升；而兼容性优势又进一步提升流动性、进化性和冗余度，形成良性循环。

如图 4-10 所示，两江新区新闻报道高频词语义网络中，核心圈由"创新""项目""企业""智能"组成，它们共同作用组成了两江新区最核心特质。次核心圈由"开放""生态""资源""高新""科学城""研发""工业""投资""数字经济"等高频词组成，反映了两江新区创新生态系统的重要构成要素。外围圈主要包括"治理""协同创新""交通""文化"等高频词。同时，"创新—项目—智能""创新—项目—数字经济""资源—项目—企业""开放—合作—创新—科学城"形成了关系网络中重要的关系链。"项目"是两江新区的中心节点，与之关系密切的词如"合作""智能""企业""投资""研发"等，一定程度上反映了两江新区围绕项目所带来的资源充裕度优势，在丰富系统冗余度的基础上吸引企业和资金进驻，提升自身流动性和进化性。此外，围绕"创新"这一中心节点，密切分布着"开放""协同创新""科技创新""高新""科学城""人才""生态"等节点，表明两江新区围绕创新带来的兼容性优势，进一步提升自身流动性，并孵化更多创新主体。可以看出，两江新区的冗余度优势促进了流动性、进化性的提升；兼容性优势同样进一步提升流动性、进化性和冗余度。

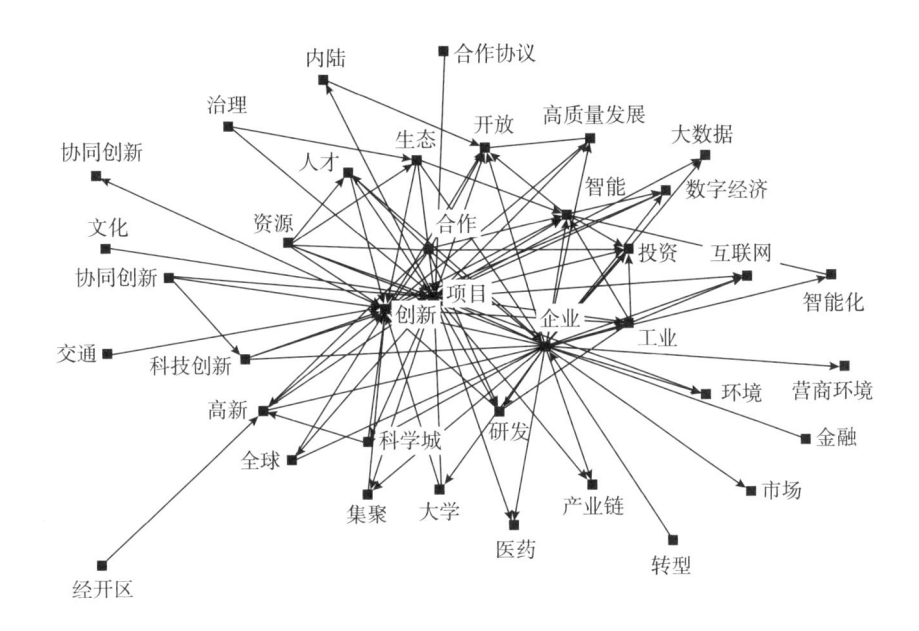

图4-10 两江新区新闻报道高频词语义网络

如图4-11所示，江北新区新闻报道高频词语义网络中，核心圈由"创新""企业""项目""高新""投资"组成，它们共同作用组成了江北新区最核心特质。次核心圈由"人才""资源""集聚""生态""合作""研发""智能"等高频词组成，反映了江北新区创新生态系统的重要构成要素。外围圈主要包括"创业""金融""自贸""招商"等高频词。同时，"集聚—投资—创新" "项目—投资—人才—资源" "项目—企业—智能" "项目—企业—研发"形成了关系网络中重要的关系链。"创新"是江北新区的核心节点，围绕这一中心节点，密切分布着如"企业""项目""投资""研发""人才""集聚""环境"等节点，反映了江北新区围绕创新所带来的兼容性优势，吸引人才、企业和项目进驻，集聚创新资源，提升研发效率和资源配置效率，并且坚持走环境友好的绿色发展道路，提升自身系统的流动性、进化性和冗余度。

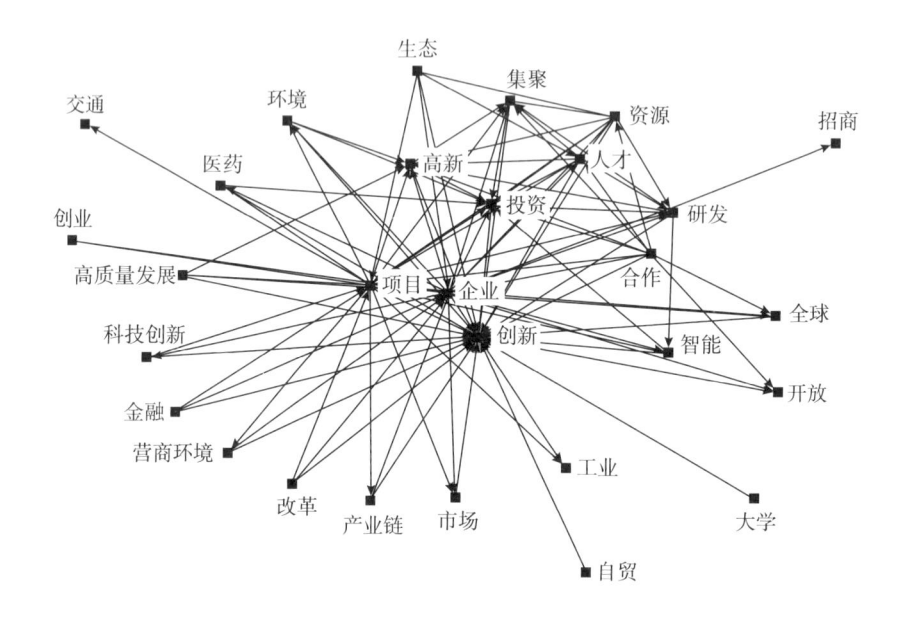

图 4-11　江北新区新闻报道高频词语义网络

如图 4-12 所示，雄安新区新闻报道高频词语义网络中，核心圈由"创新""项目""投资""企业""生态""环境"组成，它们共同作用构成了雄安新区最核心特质。次核心圈由"京津冀协同发展""新区规划""治理""金融""合作""改革""教育"等高频词组成，反映了雄安新区创新生态系统的重要构成要素。外围圈主要包括"学校""人才""创业""铁路"等高频词。同时，"资源—项目—企业""新区规划—投资—企业""改革—创新—开放""创新—生态—环境"形成了关系网络中重要的关系链。"项目"是雄安新区的核心节点，与之关系密切的词如"新区规划""资源""投资""企业""改革""京津冀协同发展"等，反映了雄安新区围绕项目所带来的资源充裕度优势，吸引资源和资金聚集，探索高质量发展新路径，充分发挥地理位置优势，促进京津冀协同发展，提升自身的系统流动性和进化性。同时，科学合理的新区规划为雄安新区提供抵御冲击的防御力,使其具备缓冲性特征。此外,围绕"创新"这一中心节点,密切分布着"开放""改革""生态""高质量发展""金融""智能"等节点,表明雄安新区围绕创新带来的兼容性优势,大力打造创新引擎,在发展过程中切实彰显了"绿色、智慧、韧性"特色。

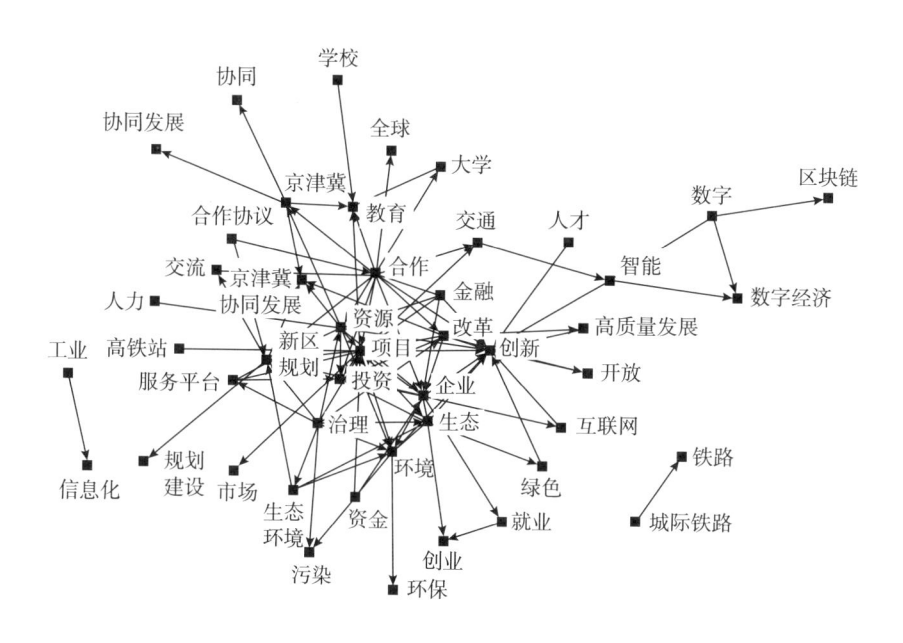

图 4-12 雄安新区新闻报道高频词语义网络

（三）情感分析

情感分析指对涉及情感性表述的内容进行定量打分评价,进而分析文本内容的情感分布状态。情感可以分为积极情感、中性情感和消极情感三类,同时也有强弱程度之分。利用 ROST CM6 软件的情感分析功能对浦东新区、两江新区、江北新区和雄安新区新闻报道文本进行情感分析,如表 4-5 至表 4-8 所示。可以看出,积极情感成分在四个新区新闻报道中均占最高的比例,并且在情感强度方面高度积极情感占比最高,而中性情感和消极情感所占的比例较小。尤其浦东新区新闻报道的积极情感成分高达 96.04%,且高度积极情感成分占 70.30%。两江新区和雄安新区新闻报道的积极情感比例紧随其后,江北新区的积极情感成分相对略低,为77.78%。值得注意的是,消极情感成分中,以安全问题为主,如两江新区报道中提及"主城两江水域溺水警情高发水域多位于沿江滨江休闲带、沿江码头等人流量较大的水域"。

表 4-5　　　　　　　　浦东新区新闻报道情感分布　　　　　　　单位:%

情感类别	比例	强度	比例
积极情感	96.04	一般	15.84
		中度	9.99
		高度	70.30
中性情感	0.99	—	0.99
消极情感	2.97	一般	0.99
		中度	0.99
		高度	0.99
总计	100	—	100

注:因四舍五入导致的误差,本书不做调整。下同。

表 4-6　　　　　　　　两江新区新闻报道情感分布　　　　　　　单位:%

情感类别	比例	强度	比例
积极情感	83.68	一般	25.35
		重度	20.83
		高度	37.50
中性情感	8.68	—	8.68
消极情感	7.64	一般	5.56
		中度	1.39
		高度	0.69
总计	100	—	100

表 4-7　　　　　　　　江北新区新闻报道情感分布　　　　　　　单位:%

情感类别	比例	强度	比例
积极情感	77.78	一般	23.33
		重度	13.33
		高度	41.11

续表

情感类别	比例	强度	比例
中性情感	8.89	—	8.89
消极情感	13.33	一般	7.78
		中度	3.33
		高度	1.11
总计	100	—	100

表 4-8　　　　　雄安新区新闻报道情感分布　　　　　单位：%

情感类别	比例	强度	比例
积极情感	82.71	一般	27.84
		重度	20.27
		高度	34.59
中性情感	13.78	—	13.78
消极情感	3.51	一般	2.97
		中度	0.27
		高度	0.27
总计	100	—	100

三　韧性特征因素演化

新区创新生态系统是一个复杂系统，具有动态性和演化特征。在演化视角下，韧性被看作新区创新生态系统的固有属性，是内外部驱动因素影响的结果，并对新区创新生态系统的演化产生作用。韧性并非均衡状态，而是一种动态持续变化的过程（王超和骆克任，2014）。在时间维度上，演化包括起步、成长、发展等阶段动态循环演进。在空间维度上，演化包括要素涌现、流动、联系并形成网络化结构的过程。基于此视角，新区创新生态系统韧性研究跳出了短期外部冲击造成的影响，而是兼顾时间与空间多个维度，着眼于长期动态演化过程。新区创新生态系统韧性是面对外部冲击和扰动时，新区通过自身调整快速恢复到初始发展路径，或转换到更高功能状态的能力（李连刚等，2019）。

外部冲击是创新生态系统演化的催化剂，环境变化引起系统内部结构和功能变化。系统与外部环境之间以及系统内部主体之间的交互作用是系统演化的动力。优化系统对外部冲击的抵御能力,提升系统韧性,保障系统可持续发展,是新区创新生态系统的演化方向。

通过内容分析,新区创新生态系统韧性特征如下:①冗余度;②进化性;③流动性;④缓冲性;⑤兼容性。通过比较四个新区创新生态系统韧性特征有无显著差异,从而得到新区在探索期、实验期、成熟期和深化期发展历程中创新生态系统韧性特征的演变路径。可以看出,总体来说,四个新区创新生态系统均具备五维韧性特征。

其中,浦东新区依靠改革开放和创新,引领高水平改革开放示范区,通过持续的资源配置、产业聚集、产业链升级,实现经济高质量发展,充分体现了浦东新区创新生态系统韧性的"进化性"和"兼容性"特征。浦东新区作为第一个设立的新区,吸引和集聚了大量的企业、人才、教育科研机构等,"冗余度"和"流动性"程度高。浦东新区作为改革开放的"领头羊",带动和激发了东南沿海经济发展,形成了强大的辐射带动作用。

在新区建设的实验期,两江新区作为统筹城乡综合配套改革试验的先行区,在侧重"流动性"的基础上成为内陆地区对外开放的重要门户。并且,在浦东新区"领头羊"的榜样带动作用下,两江新区同样追求经济高质量发展。

在新区建设的成熟期,江北新区更加凸显出了对创新的大力推动,并且聚集了丰富的创新资源和产业基础,以"兼容性"和"进化性"为最明显的特征,在提升创新能力的同时吸引到了大量人才。

最新设立的雄安新区,强调京津冀协同发展、区域协同、京津冀人才一体化、资源整合、资源共享、辐射效应,侧重"流动性"和"兼容性"。此外,相比于之前成立的新区,雄安新区尤其重视可持续发展、生态环境保护、再生资源产业、智慧城市方面,体现了对打造自身系统"缓冲性"和"冗余度"的重视,反映了国家探索新型城市发展模式的新思路,以及对经济发展新常态的新要求。

第四节 本章小结

本章通过分析重大突发事件冲击下新区创新生态系统演进规律,识别新区创新生态系统韧性特征。首先，通过梳理创新生态系统和韧性两个领域的相关文献，明确了以韧性视角探究新区创新生态系统演化规律的思路；其次，通过选取浦东新区、两江新区、江北新区和雄安新区作为案例新区，构建了案例新区的新闻文本数据库，并采用质性研究方法，借鉴扎根理论方法和内容分析法，明晰了新区创新生态系统韧性的特征，并对比分析了不同新区创新生态系统韧性特征的差异；最后，通过筛选界定新区创新生态系统五维韧性特征，探讨了韧性特征与新区创新生态系统演化间的作用和影响机制，并对比了四个新区的五维韧性特征具体表现。

第五章　国家级新区创新生态系统韧性监测体系构建

第一节　国家级新区创新生态系统韧性监测指标选取

一　评价指标选取原则

构建评价指标体系是测量新区创新生态系统韧性值的重要环节，而指标体系的选取是一个系统工程，建立的指标体系既要能够具体、精准且尽可能全面地反映出新区创新生态系统韧性的特征，又需要做到科学、合理且可操作，才能最大限度上反映出创新生态系统韧性的真实情况。可见，指标选取是决定评价成功与否的关键环节。为构建一个优秀的评价指标体系，本书将在以下五个评价指标体系选取原则的基础上，进行评指标体系的构建。

（一）科学性原则

科学性原则是研究的基本要求，分为研究方法的规范性和数据的真实性，同时选取数据时应遵循代表性和逻辑性。只有通过科学的方法才能使最终结果更加准确。

（二）系统性原则

要将研究对象当作一个系统来处理，在选取评价指标时应将研究对象分为若干子系统，再通过分析子系统的特征，选取能够反映各个子系统特征的指标，从而组成最终的评价指标体系。

（三）客观性原则

为使最终评价结果可信度较高，指标应做到能够真实准确地反映新区创新生态系统韧性的主要内涵和特征，尽量避免选取主观因素和定性分析指标，而是选择人为干预可能性较小的因素，对成熟研究的可取之处进行借鉴。同时采用客观化评价方法，既不能以偏概全，也不能过分依赖权威意见，为韧性监测和预警提供有力支撑。

（四）全面性原则

指标体系具有全面、广泛、综合的特点，因此，在进行指标选取时，应考虑到新区、创新生态系统以及韧性的全方面特点，结合其特点，应尽可能地考虑到全方面因素的影响，以对新区创新生态系统韧性进行全面评估。

（五）可操作性原则

可操作性原则分为三个方面：一是指标的可量化性。不可量化的指标在获取上会造成困难，因此，选取的指标必须是可以量化的。二是指标概念的清晰度。指标选取需要做到概念明确，界定清晰，方便对指标进行明确的界定和测度，避免产生歧义。三是数据的披露强度。我国一共有19个新区，建立时间在1992—2017年，跨度较大，新区的不同和时间的不同可能会造成数据统计标准的不同，造成部分新区或者部分阶段数据无法获取的问题。因此，在进行指标体系设计时，要切实考虑数据的可得性，尽量选取数据披露强度较高的指标。

二　基于韧性特征的指标选取

在第四章中，通过扎根理论的方法识别新区创新生态系统韧性特征，并总结出韧性特征的五个维度：进化性、缓冲性、流动性、冗余性和兼容性。本书将根据科学性、系统性、客观性、全面性和可操作性的原则，在五个维度的视角下，再次对韧性五个维度的内涵进行分析总结，选取新区创新生态系统韧性监测具体指标，监测指标体系如表5-1所示。

（一）进化性指标选取

进化性指创新生态系统资源利用效率。良好的进化性能提高创新生态系统资源配置能力。冲击必会造成一定程度上的资源短缺，此时，能用更少的资源创造更多的价值的新区必会在冲击中处于更有利的位置。通常情况下，创新生态系统的投入主要是科研经费和科研人力的投入，产出主要有专利技术和科研论文成果。因此，本书选取投入指标和产出指标对进化性进行衡量。

（二）缓冲性指标选取

缓冲性指创新生态系统内部主体的互相联系程度。在受到冲击时，系统需要产生足够的缓冲来抵抗冲击，其缓冲最主要来自系统结构的复杂程度。各主体之间联系越多，系统结构复杂程度越大。因此，本书选取政府和企业之间的相互联系来反映系统的缓冲性。

（三）流动性指标选取

流动性指创新生态系统向更高层次发展进化的动力。资源在创新生态系统主体之间的高速配置，既能够促进主体之间的交流，即信息交互，又能够提高资金和货物在创新生态系统内的利用效率。在受到冲击时，新区高流动性的特征可以保障资金、货物和信息的快速流动，填补由于冲击产生的资源缺口，从而保证创新生态系统的正常运作，提高创新生态系统韧性。因此，本书选择资金流动性、货物流动性和信息流动性作为流动性衡量指标。

（四）冗余性指标选取

冗余性指创新生态系统内资源的充裕程度。自然资源、资金、人才皆是创新生态系统不可或缺的资源。充足的资源储备有利于创新生态系统应对外部冲击，避免出现资金短缺。良好的自然资源能够保障新区在面临冲击时基本环境状况的稳定，同时良好的自然环境也是新区吸引人才的重要手段。经济资源保障了系统中资金流的充足，同时也是一个新区是否发达的主要体现。教育资源既是新区人才的重要来源，为系统技术创新提供支撑。因此，本书选取自然、经济、教育资源作为冗余性的衡量指标。

（五）兼容性指标选取

兼容性指创新生态系统内产生和接受新主体的能力。创新主体是系统发展的重要载体，产生、接受新主体有利于创新生态系统缓和外部冲击。因此，本书选取企业兼容性和人才兼容性对创新生态系统兼容性进行衡量。

表 5-1　　　　　　　创新生态系统韧性监测指标体系

维度	一级指标	二级指标	指标属性
进化性	投入指标	R&D 经费	正向指标
		R&D 人员全时当量	正向指标
	产出指标	发明专利申请数	正向指标
		SCI 论文数	正向指标
缓冲性	政府方面	R&D 经费投入强度	正向指标
		R&D 经费内部支出来自政府的金额	正向指标
	企业方面	技术市场成交额	正向指标
		新产品研发经费支出	正向指标
流动性	资金流动性	固定资产投资额	正向指标
		当年实际使用外资金额	正向指标
	货物流动性	水运货运量	正向指标
		陆运货运量	正向指标
		航空货运量	正向指标
	信息流动性	宽带连接数	正向指标
		电信业务收入	正向指标
冗余性	自然环境资源	人均水资源	正向指标
		当年空气质量平均优良天数比	正向指标
	经济资源	人均年末金融机构贷款余额	正向指标
		人均年末金融机构存款余额	正向指标
		人均 GDP	正向指标
	教育资源	高校在校生数	正向指标
		高校毕业学生数	正向指标
兼容性	企业兼容性	新认定高新技术企业总量	正向指标
		科技企业孵化器数量	正向指标
	人才兼容性	失业率	逆向指标

第二节　国家级新区创新生态系统韧性监测模型构建

一　进化性监测模型

进化性主要反映了创新生态系统资源的利用效率。对资源应用效率进行测算的方法有数据包络法、突变级数法等。本书选用超效率SBM模型,并采取DEA-Solver-LV8软件对进化性进行测量。

二 缓冲性监测模型

缓冲性主要反映了创新生态系统之间连接紧密性的特征,系统越复杂,其主体之间的联系越紧密。现有的研究中,对系统复杂性的测算方法有排列熵(郝成元等,2007)、信息熵(郑庆和丁国富,2021)、网络密度(吴腾和刘俊先,2021)等方法,但对反映系统中各个体间连接关系(如每个高新技术企业之间的交易关系等)的数据要求较高。考虑可操作性原则,本书选取修正耦合协调度模型,来测量政府和企业两大主体之间的连接紧密关系。具体操作如下:

设无量纲化后的数据为 X_{ij},i 代表五个维度($i=1,\cdots,5$),j 代表某一维度下的第 j 个二级指标,w_{ij} 为二级指标的综合权重。C 为系统耦合度系数,T 为综合调和指数,C_1 为修正耦合系数,令 $\alpha=\beta=0.5$。

$$U_{政府} = \sum w_{ij}X_{ij}(i=2;j=1,2) \tag{5-1}$$

$$U_{企业} = \sum w_{ij}X_{ij}(i=2;j=3,4) \tag{5-2}$$

$$C = \frac{2\times\sqrt{U_{政府}\times U_{企业}}}{U_{政府}+U_{企业}} \tag{5-3}$$

$$T = \alpha U_{政府} + \beta U_{企业} \tag{5-4}$$

$$C_1 = \sqrt{CT} \tag{5-5}$$

三 流动性监测模型

韧性视角下的流动性不再单一关注存量要素的数量,而是更加强调系统内资源传播的速度。只有资源和信息能够在各个主体间高速传播,才能补齐因冲击而造成的缺口。因此,本书参考刘微微等(2013)的研究,采取有速度特征的动态综合评价的方法,对流动性指标进行测量。

$$v_{ijk} = \frac{X_{ij,k+1}-X_{ijk}}{t_{k+1}-t_k} \tag{5-6}$$

$$S_{ij}^v(t_k,t_{k+1}) = \int_{t_k}^{t_{k+1}}\left[v_{ijk}+(t-t_k)\times\frac{v_{ij,k+1}-v_{ijk}}{t_{k+1}-t_k}\right]dt \tag{5-7}$$

$$g(a_{ijk}) = \frac{2}{1 + e^{-\alpha_{ijk}}} \tag{5-8}$$

$$\alpha_{ijk} = \begin{cases} 0 & t_{k+1} = 1 \\ \dfrac{v_{ij,\ k+1} - v_{ijk}}{t_{k+1} - t_k} & t_{k+1} > 1 \end{cases} \tag{5-9}$$

$$F = k_k \times S_{ij}^v(t_k,\ t_{k+1}) \times g(a_{ijk}) \tag{5-10}$$

其中，i 代表五个维度（$i=1$，…，5），因计算的是流动性维度，因此 i 恒等于 3，j 代表某一维度下的第 j 个二级指标，X_{ijk} 为维度 i 下的指标 j 在时期 t_k 的评价结果，v_{ijk} 为指标 j 在 $[t_k,\ t_{k+1}]$ 时期的变化速度，$S_{ij}^v(t_k,\ t_{k+1})$ 为要素变化速度状态，$g(a_{ijk})$ 为变化速度趋势，α_{ijk} 为指标 j 变化速率在 $[t_k,\ t_{k+1}]$ 时期内的线性增长速率，F 为流动性，k_k 为系数，设定恒等于 1。

四　冗余性和兼容性监测模型

TOPSIS 法是一种进行多目标决策的方法，本质上是从多个选择中选出正理想解和负理想解，通过与正负理想解进行比较对各个选择排序，从而判断每个选择的优劣程度。本书将熵值法与层次分析法计算出的综合权重与 TOPSIS 法相结合，来评判各新区各年冗余性和兼容性的优劣情况。

$$r_{ij} = w_{ij} X_{ij} \tag{5-11}$$

$$S_j^+ = \max_{1 \leq i \leq m}\{r_{ij}\},\ j = 1,\ 2,\ \cdots,\ n \tag{5-12}$$

$$S_j^- = \min_{1 \leq i \leq m}\{r_{ij}\},\ j = 1,\ 2,\ \cdots,\ n \tag{5-13}$$

$$Sd_i^+ = \sqrt{\sum_{j=1}^n (S_j^+ - r_{ij})^2},\ i = 4,\ 5 \tag{5-14}$$

$$Sd_i^- = \sqrt{\sum_{j=1}^n (S_j^- - r_{ij})^2},\ i = 4,\ 5 \tag{5-15}$$

$$B = \frac{Sd_i^-}{Sd_i^+ + Sd_i^-},\ i = 4,\ 5 \tag{5-16}$$

其中，i 代表五个维度（$i=1$，…，5），因计算的是冗余性和兼容性维度，因此 i 等于 4 或 5，j 代表某一维度下的第 j 个二级指标，X_{ij} 为无量纲化后的数据，w_{ij} 为综合权重，S_j^+ 为正理想解，S_j^- 为负理想解，

Sd_i^+ 和 Sd_i^- 为加权值 r_{ij} 与正负理想解之间的欧氏距离，B 为各个新区与正负理想解的相对贴近度。

五 韧性监测模型

在对系统韧性监测的研究中，通常采用各维度值相加、相乘、加权平均的方式进行测算。这样的计算方法虽然简单好操作，但各个维度数值大小仅仅是影响韧性监测值的一方面，另一方面在于要保持各维度各模块之间协调发展。尤其是对于创新生态系统来说，各方面应做到发展协调，相互匹配，不能因为某一维度值过高出现各模块间不协调、不匹配的情况。因此，本书参考赵丹丹等（2018）的做法，采用系统协同度模型对韧性值进行综合测量。

$$R = 1 - \frac{S}{M} \tag{5-17}$$

其中，S 为维度的标准差，M 为维度间的均值，R 为韧性值。

第三节 国家级新区创新生态系统韧性指标赋权

一 评价指标赋权方法选择

指标权重反映了各因素在评价体系中所占的地位，对评价结果的客观性和可靠性有着直接影响，因此，确定评价指标的权重是构建评价指标体系的重要环节（颜惠琴等，2017）。通过对文献的整理可知，常见的指标评价方法有三种类型，分别是客观赋权法、主观赋权法、主观和客观相结合的赋权方法。

客观赋权法一般以评价对象信息含量或者变化大小，确定权重大小，能更好地对应指标的数据信息。较为常见的客观赋权方法为熵值法。

熵值法（EVM）是客观赋权法的一种，是通过计算指标的熵值来反映指标的信息含量从而进行赋权的一种方法。熵是物理学概念，最初是1865年由德国物理学家克劳修斯（Clausius）提出，用来描述"能量退化"的参数之一，后来申农（Shannon）在创建信息论时引入"信息熵"的概念，为熵值法模型奠定了基础。熵值越大，即某项指标对决策的影响越小，则赋予的权重越小。

相比客观赋权法来说，主观赋权法的运用相对简单，它是由评审专家根据其知识和经验进行主观判断来确定各项指标的权重,其更加关注评价人员的意愿。但是也因此受到人为的主观因素影响较大,不易体现出数据信息。较为常见的主观赋权法有层次分析法和德尔菲法。

近年来,主观和客观相结合的方法被学者广泛应用在研究中,在赋权过程中,有研究将层次分析法和熵值法结合使用,减小结果偏差,实现主客观的统一(孙才志和孟程程,2020)。还有研究使用 AHP-PSO 和改进 CRITIC 法进行主客观综合韧性测量(黄亚江等,2021)。

在层次分析法和熵值法的结合方式上也有所不同,大体上分为两种。第一种,使用熵值法和层次分析法分别计算权重后二者的算术平均值为指标综合权重;第二种,通过构建最小二乘决策模型,计算综合权重 $w = (w_1, w_2, \cdots, w_n)^T$,使主观和客观权重的决策结果偏差最小化。

考虑主观性、客观性的优缺点,为减小偏差,本书采用主客观相结合的方法,进行综合权重的测算,实现权重主客观统一。

二 评价指标权重计算

本书评价指标权重的计算分为三个步骤,分别是主观权重法、客观权重计算法和综合权重法。

(一)主观权重法

层次分析法(AHP)是 20 世纪 70 年代初由美国运筹学家萨蒂提出的一种决策方法,具有系统、简洁的特点。在主观权重的计算方法上,本书选择了层次分析法。通过向 10 位本领域专家发放问卷的方式收集评分矩阵,分别对各个维度的二级指标进行主观权重计算。具体计算步骤如下。

步骤 1,建立递阶层次结构模型。

将问题分为目的层、准则层、方案层,其中准则层和方案层相当于构建的评价指标模型的维度和二级指标。

步骤 2,构造出各层次中的所有判断矩阵。

设有二级指标 C_{i1},C_{i2},$\cdots$,C_{im} 对维度指标 G_i 的影响不同,采用成对对比的方法判断二级指标 C_{ij} 对 G_i 的影响比例。$A = (a_{pq})_{m \times m}$ 为判断矩阵。a_{pq} 为两个二级指标 C_{ip} 和 C_{iq} 对 G_i 的影响之比,遵循 Saaty 相对重要性等级判别标准,如表 5-2 所示。本书通过请 10 位专家打分的方式来进行各个维度中判断矩阵的构建。

表 5-2　　　　　　　　Saaty 相对重要性等级判别标准

比值	含义
1	两指标相比同等重要
3	前者比后者稍微重要
5	前者比后者明显重要
7	前者比后者强烈重要
9	前者比后者极端重要
2，4，6，8	介于每两个等次之间的取值
1/3	前者比后者稍微不重要
1/5	前者比后者明显不重要
1/7	前者比后者强烈不重要
1/9	前者比后者极端不重要
1/2，1/4，1/6，1/8	介于每两个等次之间的取值

$$A = \begin{bmatrix} a_{11} & \cdots & a_{1m} \\ \vdots & \ddots & \vdots \\ a_{m1} & \cdots & a_{mm} \end{bmatrix} \tag{5-18}$$

$$CI = \frac{\lambda_{\max} - m}{m - 1} \tag{5-19}$$

$$CR = \frac{CI}{RI} \tag{5-20}$$

其中，CI（Consistency Index）为一致性指标，$\lambda_{\max}$ 代表判断矩阵的最大特征值；RI 即一致性指标，通过查找平均随机一致性指标表获得。通过计算，所有维度均通过了一致性检验。

步骤 3，主观权重 SW_{ij} 计算。

$$e_{pq} = \frac{a_{pq}}{\sum\limits_{p=1}^{m} a_{pq}} \tag{5-21}$$

$$sw_{ij} = \frac{1}{m} \sum\limits_{q=1}^{m} e_{pq} \tag{5-22}$$

（二）客观权重法

在客观权重的计算方法上，本书选择了熵值法。熵值法的运用分为以下 5 个步骤：

步骤 1，无量纲化处理。

在收集数据时，不同的指标往往有不同的数量单位，为了使不同数据单位的指标可以相同的水平进行统一计算，应使用极差法对数据进行无量纲化处理，将指标数据转化成相对数。设 x_{ij} ($i=1,2,\cdots,n$；$j=1,2,\cdots,m$) 为第 i 个维度的第 j 个指标，$\max x_{ij}$ 和 $\min x_{ij}$ 分别为维度 i 的第 j 个指标中所有观测值的最大值和最小值，则：

对于正向指标：

$$X'_{ij} = \frac{x_{ij} - \min x_{ij}}{\max x_{ij} - \min x_{ij}} \tag{5-23}$$

对于负向指标：

$$X'_{ij} = \frac{\max x_{ij} - x_{ij}}{\max x_{ij} - \min x_{ij}} \tag{5-24}$$

步骤 2，归一化处理。

$$p_{ij} = \frac{X'_{ij}}{\sum_{Z=1}^{z} X'_{ij}} \tag{5-25}$$

其中，$Z=1,2,\cdots,z$ 为维度 i 的第 j 个指标的总观测值数。

步骤 3，熵值计算。

$$E_{ij} = -\frac{1}{\ln(z)} \sum_{Z=1}^{z} P_{ij} \ln(P_{ij}) \tag{5-26}$$

步骤 4，信息冗余度计算。

$$D_{ij} = 1 - E_{ij} \tag{5-27}$$

步骤 5，客观权重 OW_{ij} 计算。

$$OW_{ij} = \frac{D_{ij}}{\sum_{j=1}^{m} D_{ij}} \tag{5-28}$$

（三）综合权重法

在综合权重的计算上，本书参考了孙才志等（2017）的方法，将使用熵值法和层次分析法分别计算客观权重 OW_{ij} 和主观权重 SW_{ij} 通过以下最小二乘决策模型相结合，使用 Python 对模型进行求解，最终计算综合权重 W_{ij}。

$$\min H(w) = \sum_{i-1}^{m} \sum_{j=1}^{m} \{[(OW_{ij} - W_{ij})X_{ij}]^2 - [(SW_{ij} - W_{ij})X_{ij}]^2\}$$

(5-29)

其中，$\sum_{j=1}^{m} W_{ij} = 1$ 且 $W_{ij} \geqslant 0 (j=1, 2, \cdots, m)$。主观权重、客观权重和综合权重如表 5-3 所示。

表 5-3　　创新生态系统韧性监测指标综合权重

维度	一级指标	二级指标	主观权重	客观权重	综合权重
进化性	投入指标	R&D 经费	0.16	0.34	0.25
		R&D 人员全时当量	0.05	0.26	0.15
	产出指标	发明专利申请数	0.50	0.22	0.36
		SCI 论文数	0.29	0.19	0.24
缓冲性	政府方面	R&D 经费投入强度	0.13	0.20	0.16
		R&D 经费内部支出来自政府的金额	0.24	0.33	0.29
	企业方面	技术市场成交额	0.58	0.21	0.39
		新产品研发经费支出	0.05	0.27	0.16
流动性	资金流动性	固定资产投资额	0.09	0.15	0.12
		当年实际使用外资金额	0.03	0.16	0.10
	货物流动性	水运货运量	0.17	0.17	0.17
		陆运货运量	0.37	0.12	0.25
		航空货运量	0.26	0.21	0.23
	信息流动性	宽带连接数	0.05	0.10	0.07
		电信业务收入	0.03	0.09	0.06
冗余性	自然环境资源	人均水资源	0.09	0.20	0.15
		当年空气质量平均优良天数比	0.03	0.12	0.08
	经济资源	人均年末金融机构贷款余额	0.18	0.13	0.16
		人均年末金融机构存款余额	0.17	0.14	0.16
		人均 GDP	0.30	0.13	0.21
	教育资源	高校在校生数	0.05	0.14	0.10
		高校毕业学生数	0.18	0.14	0.16

续表

维度	一级指标	二级指标	主观权重	客观权重	综合权重
兼容性	企业兼容性	新认定高新技术企业总量	0.54	0.44	0.49
		科技企业孵化器数量	0.29	0.30	0.30
	人才兼容性	失业率	0.16	0.27	0.22

注：因四舍五入导致的误差，本书不做调整。

第四节　国家级新区创新生态系统韧性监测实证分析

一　数据选取与来源

新区作为政府特别划分出来的区域，具有先行先试权和政府特殊优惠政策。母城的资源提供能力对新区未来发展具有决定性的影响（叶姮等，2015）。因各个新区数据的可获得性有限，所以，在众多以新区为对象的研究中，均采用新区所在的母城数据进行测算（李江苏等，2018；叶姮等，2015）。本书参考以往研究，选取新区所在母城作为创新生态系统韧性计算的数据来源。

为对比重大突发事件前后新区创新生态系统韧性的变化情况，本书以2020年度数据作为样本。考虑到新区建立年份问题，以2017—2019年度数据作为无冲击下新区创新生态系统韧性样本进行测算。

研究数据主要来源于《中国统计年鉴》、各地统计年鉴、各地国民经济与社会发展统计公报、《中国火炬统计年鉴》、Web of Science数据库。

二　计算方法与结果

由于衡量系统韧性及韧性各维度的模型不同，计算方法上也有一定的差异。在五个维度的测度上，具体计算过程如下：①进化性计算，将各新区各年的数据输入软件DEA-Solver-LV8进行超效率SBM计算后得到的结果即进化性数值；②缓冲性计算，采用极差化法将数据进行无量纲化处理，代入式（5-1）至式（5-5），得到修正耦合系数即缓冲性数值；③流动性计算，首先采用极差化法将数据进行无量纲化处理，代入式（5-6）至式（5-10），得到各二级指标流动性 F 后，将二级指标流动性 F 与其对应的综合权重相乘后求和，得到各新区各年的流动性数值；④冗余性和兼容性计算，采用极差化法将数据进行无量纲化处理，代入式（5-11）至式（5-16），得到相对贴进度 B，即冗余性和兼容性数值；⑤将所有数据全部进行归一化处理。

根据原始数据计算出的浦东新区、两江新区、江北新区创新生态系统韧性的五维度值如表 5-4 所示。

表 5-4　　　　2017—2020 年创新生态系统韧性五维度值

新区	年份	进化性	缓冲性	流动性	冗余性	兼容性
浦东新区	2017	0.09	0.12	0.22	0.07	0.09
	2018	0.09	0.14	0.13	0.07	0.11
	2019	0.12	0.15	0.07	0.08	0.14
	2020	0.13	0.16	0.08	0.09	0.15
两江新区	2017	0.04	0.02	0.11	0.05	0.03
	2018	0.04	0.04	0.07	0.05	0.04
	2019	0.03	0.04	0.02	0.05	0.05
	2020	0.03	0.05	0.12	0.06	0.06
江北新区	2017	0.11	0.06	0.03	0.11	0.07
	2018	0.13	0.07	0.03	0.11	0.09
	2019	0.11	0.08	0.05	0.13	0.09
	2020	0.10	0.08	0.05	0.14	0.10

韧性监测值计算过程。计算每个新区每年的五个维度数据的均值和标准差，代入式（5-17）计算出 R，即该新区该年度的韧性值。根据以上数据计算方法，计算出浦东新区、两江新区、江北新区三个新区在 2017—2020 年度的韧性值，并计算三个新区 4 年的平均韧性值，依据平均韧性值进行排序，结果如表 5-5 所示。

表 5-5　　　　2017—2020 年创新生态系统韧性值

新区	韧性值					
	2017 年	2018 年	2019 年	2020 年	平均值	排序
浦东新区	0.54	0.77	0.71	0.75	0.69	1

续表

新区	韧性值					排序
	2017 年	2018 年	2019 年	2020 年	平均值	
江北新区	0.63	0.59	0.72	0.70	0.66	2
两江新区	0.32	0.72	0.68	0.47	0.55	3

三　创新生态系统韧性五维度结果分析

（一）探索期代表：浦东新区

从韧性监测结果来看，浦东新区整体韧性情况稳定，2017—2020年韧性值整体呈现上升趋势，韧性平均值处于三个新区中的第一位。由图5-1可知，2017年流动性优势突出，与其他维度值差距较大，导致系统整体上协调性下降，韧性值不高。随后五个维度基本呈现区域协同发展趋势，且韧性值较高。结合表5-4和表5-5数据可知，2017—2020年除流动性维度值具有一定波动外，浦东新区进化性、缓冲性、冗余性及兼容性基本呈现稳定增长趋势，说明浦东新区对重大突发事件冲击的抵抗程度逐渐增强且处于较高水平。

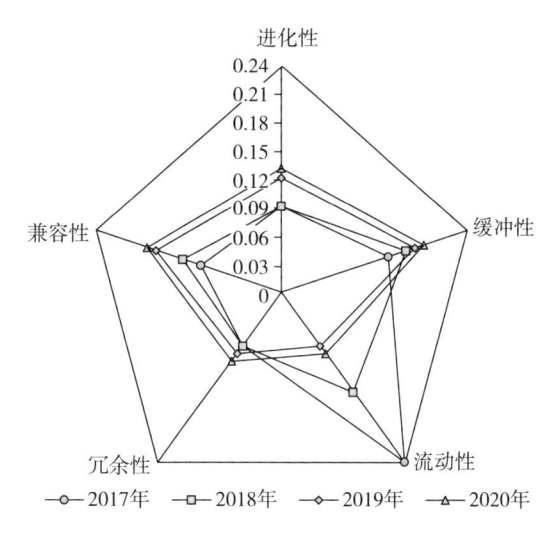

图5-1　浦东新区创新生态系统韧性五维度雷达图

（二）实验期代表：两江新区

两江新区韧性监测值整体呈现倒"U"形走势，韧性平均值处于三个新区中的最后一位。由图 5-2 与表 5-4 数据可知，两江新区五个维度中流动性维度值相对较高，其余四个维度值水平差距较小，除流动性维度值呈现先降后升的微波动状态外，其余四个维度值基本保持稳定。2017—2020 年，因重庆不是重大突发事件重灾区，所以，出行限制情况较少，且对其他灾区开展援助，进行物品运输，流动性增加，但其他维度保持原状，导致韧性值受到影响。但是，这种由于低端平衡导致的韧性值虚高仍是需要进行突破改变的。

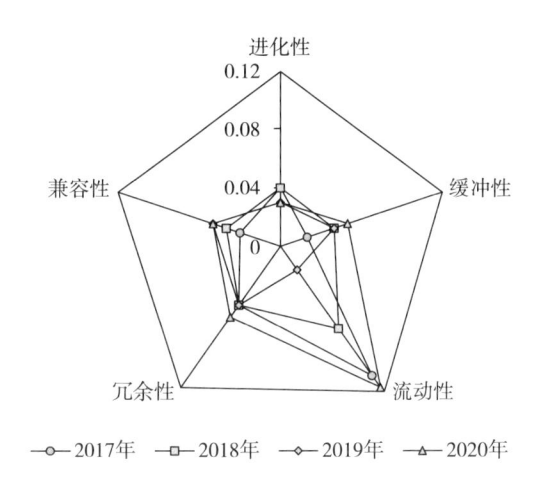

图 5-2 两江新区创新生态系统韧性五维度雷达图

（三）成熟期代表：江北新区

江北新区创新生态系统整体韧性情况较为稳定，2017—2020 年韧性值整体上是增长态势，但在 2020 年有所下降，韧性平均值处于三个新区中的第二位。由图 5-3 及表 5-4 数据可知，整体上江北新区进化性与冗余性较为突出，是其优势。2017—2020 年五个维度值整体较为稳定，变化较小。其中，2019—2020 年进化性维度值出现小幅下降，说明重大突发事件仅对进化性维度产生一定负面影响，其他维度仍得到小幅度发展。总体来说，江北新区对重大突发事件抵抗程度较好，发展态势平稳。

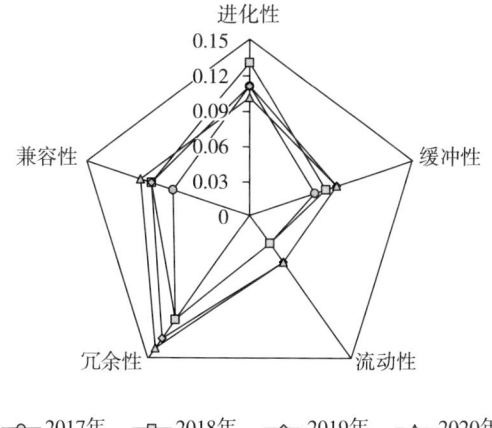

图 5-3　江北新区创新生态系统韧性五维度雷达图

第五节　本章小结

本章通过构建新区创新生态系统韧性指标体系，测算案例新区创新生态系统韧性监测值。首先，基于韧性的进化性、缓冲性、流动性、冗余性和兼容性五个维度，建立了包含二级指标的韧性监测指标体系；其次，基于韧性各维度的内涵特征及对应的测量数据特性，选择与韧性五个维度相匹配的数据特征，明确韧性各维度的相应监测模型，引入系统协同模型，确定衡量整体韧性的监测工具，并运用层次分析法和熵值法计算各指标的综合权重；最后，利用 2017—2020 年浦东新区、两江新区和江北新区的各指标数据，测算了新区创新生态系统韧性监测值及韧性各维度值，分析了新区创新生态系统韧性的变化趋势，并对比了不同新区的韧性水平。

第六章 国家级新区创新生态系统韧性预警体系构建

第一节 韧性预警模型构建

一 预警方法概述

预警是一种根据系统所面临的威胁程度做出分析判断,超出警戒值时及时发出警示信号,以便采取应对措施的行为。预警管理的概念最早源于20世纪初,部分学者在经济领域的研究中提出了预警的思想,认为可以通过分析和监测经济系统的运行状态,提前发现潜在的危机和问题,从而做出预防和应对的决策。随着相关理论技术的丰富和发展,预警的思想逐步扩展到军事、社会和自然科学等各个领域,形成了不同的预警理论和方法,如战争预警、社会稳定预警、灾害预警等。预警研究十分丰富,涉及多个学科和领域,如政治、法律、教育、医疗、环境等。多数研究都是先对风险进行分析和评估,然后根据风险等级进行预警,以提高预警的准确性和有效性。

当前学术界常用的预警方法有支持向量机(SVM)、模糊数学理论、人工神经网络等,以上各种方法在预警管理方面有各自的优势和局限,需根据不同的预警对象和目标进行选择和优化。①支持向量机是一种由 Cortes 等在1995年提出的线性分类器,属于有监督学习算法的一种,其基本思想是通过在多维空间中寻找一个最优的超平面,将不同类别的数据分开,从而达到模式识别、分类预警等多种功能的目的(张奇,2015;王玉冬等,2018;李健和张金林,2019;闫春等,2021);②模糊数学理论是由美国学者 Zadeh 于 1965 年首次提出并创立的一门新兴的数学分支，被广泛应用于自然科学、社会科学、工程技术等领域，常用于解决各领域的预警问题（张艳丰等，2017；侯旭华，2019）；③人工神经网络是一种受生物神经系统启发而发展起来的预警方法，可模拟人类大脑的学习和推理过程，具有强大的非线性拟合和自适应能力（曾昭法和游悦，2020；杨贵军等，2022），如吴冲等（2018）在研究企业财务危机预警问题时，提出了一种新的参数动态调整的粒子群算法优化概率神经网络的平滑参数，通过优化后的方法构建企业财务危机预警模型。除此之外，部分学者近年来尝试采用其他方法进行预测问题研究，如向量夹角方法（查成伟等，2014）、基于网格 GIS 与最优分割法（张继权等，2013）。本书聚焦于新区创新生态系统韧性及其各维度的预警研究，将采用最优分割法构建新区创新生态系统的韧性预警模型，通过确定最佳的分割点来将数据分为不同的类别，以准确地识别出系统中的关键风险点。

二 预警模型构建

在韧性监测体系基础上，为了更有效地反映新区创新生态系统存在的问题和风险，还需要建立一个基于韧性值的分级分类预警机制。该分级分类预警机制能够根据韧性值的高低，将新区创新生态系统划分为不同的预警等级，从而采取相应的措施和策略，提高新区创新生态系统的韧性和可持续性。预警模型的设计既要考虑韧性特征之间的协调水平，即创新生态系统的进化性、缓冲性、流动性、冗余性和兼容性五个维度之间的平衡和协同，也要兼顾各维度独立的发展水平，即创新生态系统的各个要素和环节的质量和效率，更要反映出系统韧性动态的变化趋势，即创新生态系统的韧性随着时间和环境的变化而变化的规律和特点。因此，本书选取最优分割法来确定韧性预警的阈值，即根据韧性值的分布情况，明确韧性值的最优切分点，进而将韧性值划分为不同的区间，从而确定预警等级是安全状态、轻度预警状态还是重度预警状态。

最优分割法是 1958 年由 Fisher 最早提出的对有序样本进行聚类分级的一种基于数据本身特征的自适应分级方法，能够有效地避免主观干扰。其核心思想是在保持有序样本的顺序不变的前提下，找出使被分割后的各级之间的离差平方和达到最大，而每级之内的离差平方和达到最小的分级方法，并计算其分级阈值，从而将有序样本划分为不同的等级。通过最优分割法构建创新生态系统韧性预警体系分为以下几个步骤：

（一）数据标准化

将韧性值以及韧性各维度的原始数据进行标准化，并将标准化后的数据按照从小到大进行排序，得到由 z 个样本组成的数据向量 X。

$$X = [x_1, x_2, \cdots, x_z] \tag{6-1}$$

（二）求取类直径和变差矩阵

可将全部样本分为3段，某段 G 由样本 $x_\eta, x_{\eta+1}, \cdots, x_\theta$ 组成，则该段的均值 X_G 为：

$$X_G = \frac{1}{\theta - \eta + 1} \sum_{ind=\eta}^{\theta} x_{ind} \tag{6-2}$$

该段的直径 $D(\eta, \theta)$ 表示样品间的差异情况，直径越小，该段的样本 $x_\eta, x_{\eta+1}, \cdots, x_\theta$ 间的差异性越小。

$$D(\eta, \theta) = \sum_{ind=\eta}^{\theta} (x_{ind} - X_G)^2 \tag{6-3}$$

（三）求分类损失函数

设有将 z 个样本分为三类的分割方法 $b(z, 3)$，其分割点为 sp_1 和 sp_2，且 $1<sp_1<sp_2<z$。则令 $L[b(z, 3)]$ 为分割方法 $b(z, 3)$ 的损失函数。

$$L[b(z, 3)] = \min_{1<sp_1<sp_2<n} \{D(1, sp_1) + D(sp_1+1, sp_2-1) + D(sp_2, n)\} \tag{6-4}$$

（四）建立预警模型

因为损失函数 $L[b(z, 3)]$ 越小表示各类的离差平方和越小，即分类越合理。可见，该预警模型的目标是使损失函数最小化。

$$\min L[b(z, 3)] \tag{6-5}$$

（五）计算阈值

通过数值迭代法计算三分割的两个阈值。以第一阈值为例，设第一阈值为 x_{thr1}，$x_{sp1}<x_{thr1}<x_{sp2}$。设 $x_{thr1(ep)} = x_{sp1} + ep\Delta\varepsilon$，其中迭代步长 $\Delta\varepsilon = 0.001$。计算两相邻分割段的方差：

$$V_1 = VRAP(x_1, \cdots, x_{sp1}, x_{thr1(ep)}) + VRAP(x_{sp1+1}, \cdots, x_{sp2-1}) \tag{6-6}$$

$$V_2 = VRAP(x_1, \cdots, x_{sp1}) + VRAP(x_{thr1(ep)}, x_{sp1+1}, \cdots, x_{sp2-1}) \quad (6-7)$$

令 $ratio = \dfrac{V_1}{V_2}$，若 $ratio = 1$，则可计算出第一阈值 $x_{thr1} = x_{thr1(ep)}$。若 $ratio<1$，则继续迭代，直到 $ratio=1$。同理可求得第二阈值 x_{thr2}。

第二节 国家级新区创新生态系统韧性预警实证分析

本书将在既有数据的基础上，采用最优分割法对新区创新生态系统韧性进行预警实证研究。最优分割法是一种根据数据的分布特征，找到最优的分割点，将数据划分为不同的区间，从而确定风险阈值的方法。为了使预警结果更加清晰和直观，本书参考其他社会系统预警模型，采用三级法设置预警等级，分别是安全状态、轻度预警状态与重度预警状态，即需要计算安全状态与轻度预警状态之间的阈值 x_s，以及轻度预警状态与重度预警状态之间的阈值 x_d。基于 2017—2020 年浦东新区、两江新区与江北新区的创新生态系统的进化性、缓冲性、流动性、冗余性和兼容性五个维度的数值以及韧性值，采用 Python 代码实现六组数据预警体系的阈值计算、表 6-1 展示了各个新区创新生态系统的韧性值以及相应的预警等级和阈值，从中可以看出各个新区创新生态系统的韧性状况和风险水平。

表 6-1　　　　新区创新生态系统韧性预警体系阈值

维度	x_d	x_s
进化性	0.06	0.12
缓冲性	0.05	0.11
流动性	0.09	0.18
冗余性	0.08	0.12
兼容性	0.06	0.12
韧性	0.41	0.64

根据各个维度的数值和预警阈值，绘制三个新区各维度预警情况走势图，以直观地展示三个新区创新生态系统韧性的变化情况和风险水

平。其中，横坐标代表年份，2017年到2020年，纵坐标代表各维度数值，即进化性、缓冲性、流动性、冗余性和兼容性五个维度的评价指标，折线代表四年内三个新区各维度数值变化趋势，反映出三个新区创新生态系统韧性的动态变化和差异性，上下两条虚线分别代表安全状态与轻度预警状态之间的阈值 x_s，以及轻度预警状态与重度预警状态之间的阈值 x_d，用于判断三个新区创新生态系统韧性的预警状态等级（安全状态、轻度预警状态、重度预警状态）。

一 进化性预警分析

根据浦东新区、两江新区和江北新区创新生态系统进化性数值和预警阈值，绘制进化性预警状态图。进化性是指创新生态系统的能力和速度，反映了创新生态系统的活力和创新性。由图6-1可知，三个新区中仅有浦东新区在进化性上呈现出上升的态势，表明浦东新区的创新生态系统在不断地更新和改进，具有较强的竞争力和韧性。

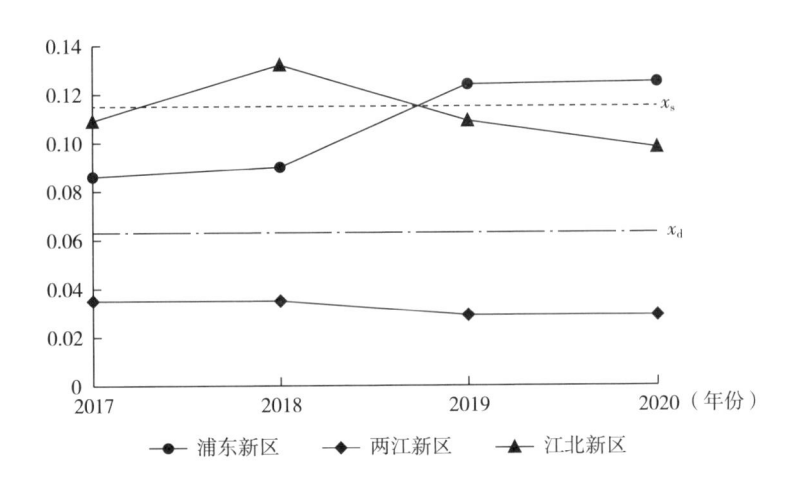

图6-1　2017—2020年新区创新生态系统进化性预警状态

浦东新区在2017—2018年处于进化性轻度预警状态，说明浦东新区的创新生态系统存在一定的风险和问题，需要加强管理和调整，但是自2019年起进化性有所提升，已脱离轻度预警进入安全状态，说明浦东新区的创新生态系统已经恢复了正常的运行和发展，具有较高的韧性和稳定性。两江新区在2017—2020年，进化性情况稳定，波动范围不大，但整体上四年内均处于重度预警状态，且呈现出逐步下降的趋势，表明两江新区的创新生态系统缺乏进化性，存在较大的风险，需要紧急采取措施和策略，提高创新生态系统的韧性和可持续性。江北新区进化性于 2017 年处于轻度预警状态，说明江北新区的创新生态系统也存在一些风险和问题，需要进行改进和优化，2018 年情况有所改善，进入安全状态，说明江北新区的创新生态系统已经实现了一定的进化和提升，具有较好的韧性和发展性，随后 2019—2020 年又有所下降，恢复至轻度预警状态，说明江北新区的创新生态系统又出现了一些新的风险和问题，需要继续进行监测和管理。

二 缓冲性预警分析

根据浦东新区、两江新区和江北新区创新生态系统缓冲性数值和预警阈值，绘制缓冲性预警状态图，缓冲性是指创新生态系统在遭受外部冲击或内部失衡时，能够保持系统功能和结构的稳定性，反映了创新生态系统的韧性和弹性。由图 6-2 可知，三个新区均处于上升趋势，表明三个新区的创新生态系统在缓冲性方面都有所进步和提高，能够更好地应对各种风险和挑战。

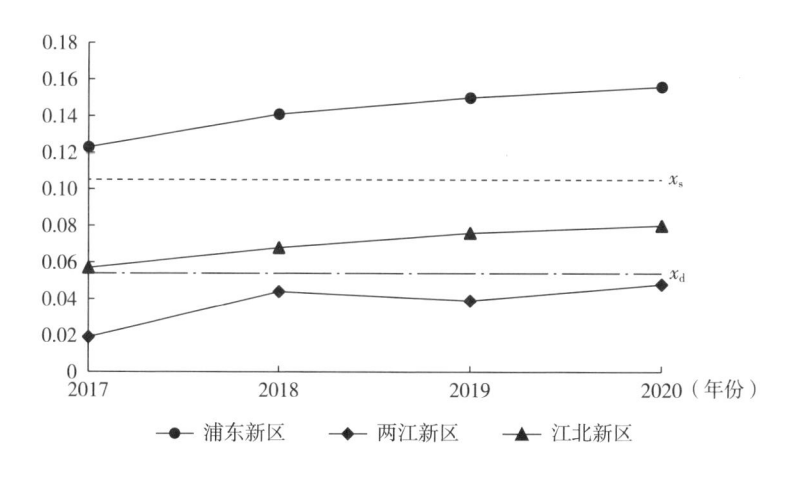

图 6-2 2017—2020 年新区创新生态系统缓冲性预警状态

浦东新区创新生态系统在 2017—2020 年缓冲性均处于安全状态，且缓冲性发展情况良好，连年上升，说明浦东新区创新生态系统具有较强的缓冲性，能够有效地抵御外部冲击或内部失衡，保持系统的稳定和发展。两江新区创新生态系统在2017—2020年缓冲性大体上处于上升趋势，仅有2019年略有波动，但是整体上处于重度预警状态，说明两江新区创新生态系统缺乏缓冲性，存在较大的风险，需要紧急采取措施和策略，提高创新生态系统的缓冲性和韧性。江北新区创新生态系统缓冲性于2017—2020年均处于轻度预警状态，且连续几年呈攀升的趋势，在未来有望进入安全状态，说明江北新区创新生态系统虽然有一定的缓冲性，能够在一定程度上保持系统的稳定和发展，但仍然需要进行改进和优化。

三 流动性预警分析

根据浦东新区、两江新区和江北新区创新生态系统的流动性数值和预警阈值，绘制流动性预警状态图。流动性是指创新生态系统中各个要素和环节之间的联系和交流，反映了创新生态系统的协同性和效率性。由图6-3可知，三个新区中总体上流动性变化趋势较为复杂，表明三个新区的创新生态系统在流动性方面都有所波动和变化，需要进行监测和管理。

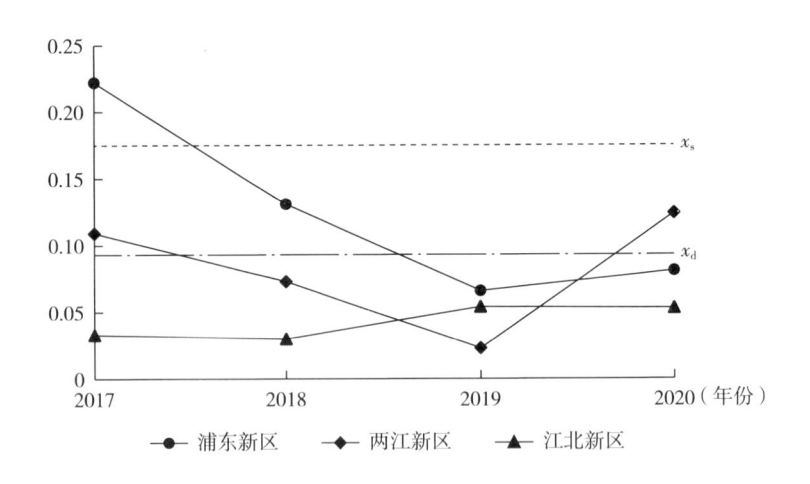

图6-3 2017—2020年新区创新生态系统流动性预警状态

2017年浦东新区创新生态系统流动性尚处于安全状态，说明浦东新区的创新生态系统具有较高的流动性，能够有效地促进各个要素和环节之间的联系和交流，提高创新生态系统的协同性和效率性；2018年流动性情况有所下降，处于轻度预警状态，说明浦东新区的创新生态系统存在一定的流动性风险，需要加强流动性的管理和调整；2019年流动性再次下降，处于重度预警状况，说明浦东新区的创新生态系统出现了较大的流动性问题，需要紧急采取措施和策略，提高流动性的水平和质量；2020年虽然情况有所好转，但依然处于重度预警状态，说明浦东新区的创新生态系统虽然在流动性方面有所恢复，但仍然存在较大的风险和问题，需要继续进行改进和优化。

2017年两江新区创新生态系统流动性处于轻度预警状态，说明两江新区的创新生态系统也存在一些流动性风险，需要进行改进和优化；2018—2019年流动性连续下降，处于重度预警状态，说明两江新区的创新生态系统在流动性方面出现了问题，需要紧急采取措施和策略，提高流动性的水平和质量；2020年流动性逐渐好转，恢复至轻度预警状态，说明两江新区的创新生态系统在流动性方面有所改善和提高，但仍然需要进行监测和管理。

江北新区流动性在总体上有所上升，但是在四年间均处于重度预警状态，说明江北新区的创新生态系统虽然在流动性方面有所进步和提高，但仍然存在较大的风险和问题，需要进行改进和优化。

可见，三个新区创新生态系统在流动性上均存在较为严重的问题，需要加强流动性的监测和管理，提高创新生态系统的韧性和可持续性。

四 冗余性预警分析

根据浦东新区、两江新区和江北新区创新生态系统的冗余性数值和预警阈值，绘制冗余性预警状态图。冗余性是指创新生态系统中存在的多余或备用的要素和环节，反映了创新生态系统的鲁棒性和安全性。由图6-4可知，三个新区创新生态系统冗余性总体上处于上升趋势，表明三个新区的创新生态系统在冗余性方面都有所进步和提高，能够更好地应对各种不确定性和变化性。

浦东新区创新生态系统冗余性状态连年上升，2017—2018年冗余性处于重度预警状态，说明浦东新区的创新生态系统缺乏冗余性，存在较大的风险，需要紧急采取措施和策略，提高创新生态系统的冗余性和韧性；2019—2020年冗余性上升至轻度预警状态，说明浦东新区的创新生态系统在冗余性方面有所恢复和提升，但仍然需要进行改进和优化。

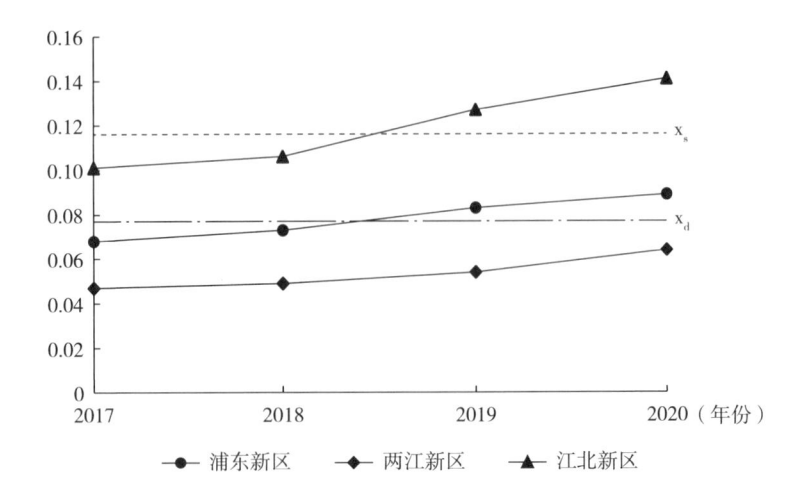

图 6-4　2017—2020 年新区创新生态系统冗余性预警状态

两江新区创新生态系统冗余性整体上呈现出上升趋势，但是四年间仍然全部处于重度预警状态，说明两江新区的创新生态系统也缺乏冗余性，存在较大的风险，需要紧急采取措施和策略，提高创新生态系统的冗余性和韧性。

2017—2018 年江北新区创新生态系统冗余性处于轻度预警状态，说明江北新区的创新生态系统也存在一些冗余性风险，需要进行改进和优化；2019—2020 年冗余性逐渐上升至安全状态，说明江北新区的创新生态系统已经实现了一定的冗余性提升和保障，具有较好的韧性和发展性。

五　兼容性预警分析

根据浦东新区、两江新区和江北新区创新生态系统的兼容性数值和预警阈值，绘制兼容性预警状态图。兼容性是指创新生态系统中各个要素和环节之间的协调和适应，反映了创新生态系统的和谐性和灵活性。由图 6-5 可知，三个新区中，浦东新区和江北新区总体上兼容性处于上升趋势，表明两个新区的创新生态系统在兼容性方面都有所进步和提高，能够更好地协调和适应各种变化和需求。

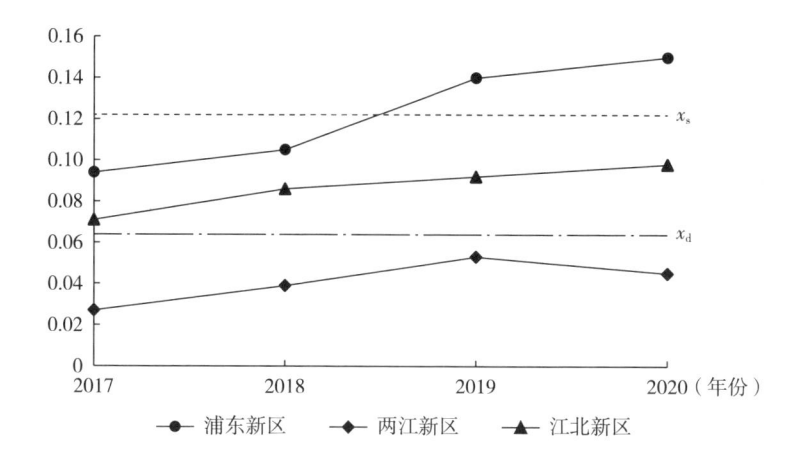

图 6-5　2017—2020 年新区创新生态系统兼容性预警状态

浦东新区创新生态系统兼容性在 2017—2018 年处于轻度预警状态，说明浦东新区的创新生态系统存在一定的兼容性风险，需要加强兼容性的管理和调整；2019—2020 年兼容性上升至安全状态，说明浦东新区的创新生态系统在兼容性方面有所恢复和提升，具有较高的韧性和稳定性。

两江新区创新生态系统兼容性于 2017—2019 年连续上升，但 2020 年处于下降趋势，且四年均处于重度预警状态，说明两江新区的创新生态系统缺乏兼容性，存在较大的风险，需要紧急采取措施和策略，提高创新生态系统的兼容性和韧性。

江北新区创新生态系统虽然在四年均有所上升，但是均处于轻度预警趋势，说明江北新区的创新生态系统也存在一些兼容性风险，需要进行改进和优化。

第三节　国家级新区创新生态系统韧性预警结果分析

根据浦东新区、两江新区和江北新区创新生态系统的韧性值和预警阈值，绘制韧性预警状态图。韧性值是指创新生态系统的韧性综合评价指标，反映了创新生态系统的整体状况和风险水平。

根据图 6-6 可知，总体上来说，浦东新区创新生态系统韧性最为突出，表明浦东新区的创新生态系统具有较高的韧性和可持续性，能够有效地应对各种不确定性和变化。除 2017 年外，韧性全部处于安全区域，说明浦东新区的创新生态系统不存在较大的风险，保持了系统的稳定和发展。

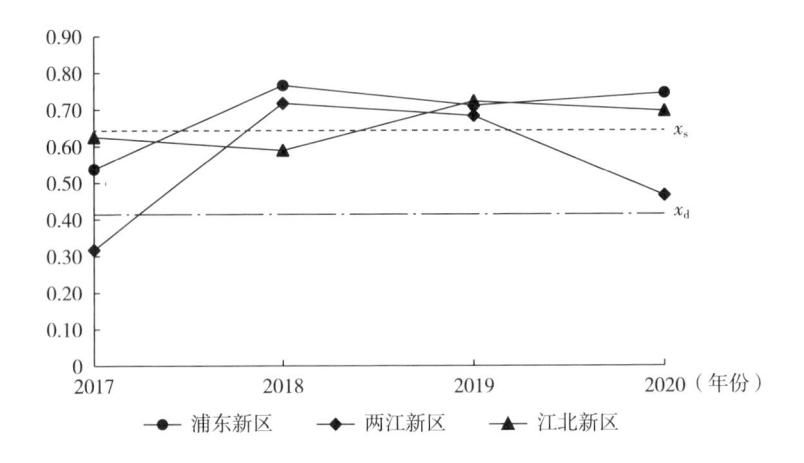

图 6-6　2017—2020 年新区创新生态系统韧性预警状态

江北新区创新生态系统处于第二位，说明江北新区的创新生态系统也具有一定的韧性和可持续性，能够在一定程度上应对各种不确定性和变化。2017—2018 年韧性值处于轻度预警状态，说明江北新区的创新生态系统存在一些风险和问题，需要进行改进和优化，但在 2019 年有所上升，已进入安全状态，说明江北新区的创新生态系统已经实现了一定程度的提升和保障，具有较好的韧性和发展性。虽然受到重大突发事件的影响，2020 年韧性值有所下降，但仍然位于安全状态，说明江北新区的创新生态系统虽然受到了一些冲击，但仍然具有较强的韧性和恢复性。

两江新区创新生态系统的状态较为复杂，韧性值存在较大的波动和变化，需要进行监测和管理。两江新区 2017 年度各维度值相差较大，导致各模块间不能够很好地相互联系和相互作用，导致 2017 年度两江新区创新生态系统韧性值较低，处于严重预警状态，说明两江新区的创新生态系统缺乏韧性，存在较大的风险，需要紧急采取措施和策略，提高创新生态系统的韧性和可持续性。2018—2019年，各维度值虽没有突破性的提升，但是维度间相差不大，模块间能够更好地协调配合，韧性处于安全状态，说明两江新区的创新生态系统在韧性方面有所改善和提高，具有一定的韧性和可持续性。而2020年受重大突发事件冲击，兼容性维度值有所下降，维度间不能够很好地协调，韧性值下降至轻度预警状态，说明两江新区的创新生态系统在韧性方面又出现了一些新的风险和问题，需要继续进行改进和优化，提高创新生态系统的韧性和可持续性。

第四节 本章小结

本章通过基于韧性值的分级分类预警机制，分析了新区创新生态系统韧性预警状态。首先，归纳和总结了学术界常用的预警方法，包括支持向量机（SVM）、模糊理论、人工神经网络等技术；其次，通过采用最优分割法，构建了新区创新生态系统的韧性预警模型，通过确定最佳分割点将数据分为不同类别，识别了系统中的关键风险点；最后，选用三分法测算韧性各个维度值以及韧性值的预警阈值，并通过明确量化标准，分析判断了新区创新生态系统韧性及各维度的风险状况，并基于此对2017—2020年浦东新区、两江新区和江北新区创新生态系统的韧性值进行了预警状态分析，为预测未来韧性趋势提供依据。

第七章　国家级新区创新生态系统演化趋势仿真

第一节　基于 BP 神经网络仿真预测的适用性

BP（Back Propagation）神经网络，作为一种多层前馈神经网络（见图 7-1），于 1986 年由以 Rumelhart 和 McCelland 为首的科学家团体提出，是一种基于梯度下降法处理非线性问题的有效监督学习算法。BP 神经网络包括输入层、隐含层和输出层三个部分，其中输入层负责接收外部输入信号，输出层负责产生网络的输出信号，隐含层负责对输入信号进行非线性变换和处理，隐含层的个数和节点的个数可以根据具体问题进行调整。在 BP 算法中，信号前向传播和误差反向传播是其最核心的两个过程。具体而言，在误差计算时，输出往往是从输入端到输出端进行；在计算权重和阈值时则与计算误差方向相反，从输出端向输入端进行。

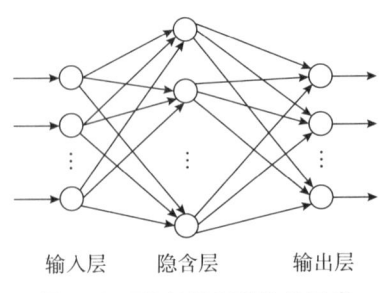

图 7-1　BP 神经网络结构示意

资料来源：李萍等：《基于 MATLAB 的 BP 神经网络预测系统的设计》，《计算机应用与软件》2008 年第 4 期。

BP 神经网络方法多被用于震害预测（Wong et al., 1994；林江豪和阳爱民，2019）、故障诊断（黄敏超等，1994；黄强和吴建军，2010）、各种系统的模糊控制（何定等，1992；徐冬玲等，1992）、股票预测（杨成等，2005；孙海波等，2015）以及客流量预测（王春鹏，2021）等。这些领域均涉及非线性的关系和变化，需要对大量的数据和信息进行分析和预测，BP 神经网络能够提供有效的解决方案和方法。目前，已有研究将 BP 神经网络模型应用于韧性城市中，探讨了韧性城市的概念、评价指标、预测方法和发展策略等方面（梁小英等，2020；陈晓红等，2020；胡振等，2020；李葛等，2020）。此外，改进后的 BP 神经网络模型应用于系统趋势预测的精确度更高，能够更好地反映系统的动态变化和未来发展。如张永欢等（2021）基于 2010—2018 年的京津冀城市韧性各指标值，采用 GA-BP 神经网络，对京津冀城市韧性进行动态预测，并分析了城市韧性的时空演进规律。张品一和梁锶（2019）通过建立金融产业发展的评价指标体系，利用自适应遗传算法优化 BP 神经网络的参数，对金融产业发展趋势进行仿真和预测。

将"生态系统"理念整合到"区域创新系统"概念之中，"区域创新生态系统"得以产生。该概念是指在特定区域范围内，创新主体与当地的创新环境以技术、信息、人才和资金等要素为核心开展互动、交流与影响，从而形成的具有开放特征的复杂系统（刘兵等，2019）。本书进一步聚焦新区这一特殊研究对象，将区域创新生态系统凝练为新区创新生态系统，并将其界定为一种基于国家战略的区域创新平台，集中了国家的政策、资源和人才等优势，以创新驱动区域发展，同时也面临着各种不确定性和变化性的挑战，体现了创新的高度性、战略性和风险性。使用传统的系统辨识方法诸如最小二乘法、相关分析法等可以较好地解决线性系统，此类方法基于数理统计的原理，通过拟合系统的输入、输出数据，得到系统的状态方程和参数，从而对系统的行为和性能进行分析和预测。而对于预测和仿真复杂非线性的国家新区创新生态系统的演化趋势，特别是考虑到重大突发事件的影响，则可以考虑建立 BP 神经网络模型来表达与预测这些系统的发展变化趋势。BP 神经网络是一种基于梯度下降法的有监督学习算法，能够对非线性问题进行有效建模和求解（周远，2014）。BP 神经网络能够通过学习样本数据，自动提取出系统的内在规律和特征，从而对系统的未来状态进行预测和仿真。

根据以上分析可知，基于韧性视角上，大多数学者以省市作为研究对象，鲜有研究对新区创新生态系统韧性进行演化趋势的预测（李绥等，2016；蒋培玉等，2011）。所谓新区创新生态系统韧性，是将韧性概念在新区创新生态系统维度的拓展，是指在面对外部冲击和不确定环境时，新区作为能动主体维持、恢复甚至超越原有功能与结构的能力，是衡量新区可持续与高质量发展的重要指标之一。韧性视角作为一种新兴的切入区域问题的研究趋势，结合基于人工智能、机器学习的BP神经网络方法，可以通过对以往年份的历史数据的分析、梳理与模拟，对新区创新生态系统韧性的未来趋势开展动态预测，从而实现对新区可持续高质量发展的精细化管理。鉴于此，本章在模拟预测重大突发事件冲击下新区创新生态系统韧性变化趋势的基础上，分析重大突发事件对新区创新生态系统的影响与挑战，进而提出增强新区创新生态系统韧性的对策和建议。

第二节　仿真模型的运用流程

一　BP神经网络的训练流程

训练BP神经网络是为了确认最佳的权重和偏置两个参数，从而确保整个网络的输出可以尽可能接近期望目标。为此，在训练BP神经网络的过程中，遵循BP算法，对连接权重W和阈值θ进行不断调整、试错与优化从而实现最优解。进一步地，作为实际工作中训练神经网络模型参数的常见算法，BP算法以梯度下降算法为基本思路，利用网络误差函数的梯度信息，参考局部下降最快的方向不断迭代参数从而逐步逼近参数的最优解。诚如前述，BP算法主要包括正向传输与反向传输两个阶段。前者主要是将输入信号从输入端经过隐含层向输出端传递，用以计算出网络的实际输出情况；后者是在输出端比较并计算网络的实际输出与预期目标之间的差额，明确网络的误差值后将其从输出端经过隐含层向输入层传递。通过以上两个阶段的反复，从而确认和优化各单元的权值和偏置。

(一) 正向传播

输入信号在输入端按照权重和偏置的初始设置进行运算后传输到隐含层神经元。这一信号经过隐含层的非线性变换后再一次传输至输出端。在输出端的神经元中，再次根据输出函数形成最终输出信号。当输出信号与预期目标值之间的误差大于所给定的阈值，表明该网络仍需进一轮的修正，从而进入第二部分反向传播阶段。当输出信号与预期目标值之间的误差小于给定的阈值时，表明该网络已达到期望效果，结束计算。

对于输出层：

$$o_k = f(net_k), \quad k = 1, 2, \cdots, l \tag{7-1}$$

其中，o_k 为输出层第 k 个神经元的输出；f 为激活函数，用于引入非线性；net_k 为第 k 个神经元的净输入；l 为输出层神经元的数量。

$$net_k = \sum_{j=0}^{m} w_{jk} y_j, \quad k = 1, 2, \cdots, l \tag{7-2}$$

其中，w_{jk} 为从隐含层第 j 个神经元到输出层第 k 个神经元的连接权重；y_j 为隐含层第 j 个神经元的输出；m 为隐含层神经元的数量。

对于隐含层：

$$y_j = f(net_j), \quad j = 1, 2, \cdots, m \tag{7-3}$$

$$net_j = \sum_{i=0}^{n} v_{ij} x_i, \quad j = 1, 2, \cdots, m \tag{7-4}$$

其中，v_{ij} 为从输入层第 i 个神经元到隐含层第 j 个神经元的连接权重；x_j 为输入层第 i 个神经元的输入；n 为输入层神经元的数量。

式（7-1）、式（7-3）中激活函数为单极性 Sigmoid 函数：

$$f(x) = \frac{1}{1 + e^{-x}} \tag{7-5}$$

其中，$f(x)$ 为 Sigmoid 激活函数，将输入 x 映射到区间（0，1），引入非线性特性，适用于处理二元分类问题。$f(x)$ 具有连续可导的特性：

$$f'(x) = f(x)[1 - f(x)] \tag{7-6}$$

当神经网络输出与期望输出不相等时，存在输出误差：

$$E = \frac{1}{2}(d - o)^2 = \frac{1}{2} \sum_{k=1}^{l} (dk - ok)^2 \tag{7-7}$$

其中，E 为误差函数；d 为目标输出，o 为实际输出；d_k 和 o_k 分别为第 k 个输出神经元的目标输出和实际输出。

将式（7-7）展开至隐含层，得到：

$$E = \frac{1}{2}\sum_{k=1}^{l}[d_k - f(net_k)]^2 = \frac{1}{2}\sum_{k=1}^{l}\left[d_k - f\left(\sum_{j=0}^{m} w_{jk}y_j\right)\right]^2 \qquad (7-8)$$

再展开至输入层，得到：

$$E = \frac{1}{2}\sum_{k=1}^{l}\left\{d_k - f\left[\sum_{j=0}^{m} w_{jk}f(net_j)\right]\right\}^2$$

$$= \frac{1}{2}\sum_{k=1}^{l}\left\{d_k - f\left[\sum_{j=0}^{m} w_{jk}f\left(\sum_{i=0}^{n} v_{ij}x_i\right)\right]\right\}^2 \qquad (7-9)$$

从式（7-9）可看出，神经网络输出误差 E 是各层权重 w_{jk}、v_{jk} 的函数，可以根据实际情况定义一个小的正数 e（e 为计算期望精度），当性能指标满足设定的精度要求即 $E<e$ 时，或者进行到预先设定的学习次数时，计算结束，否则误差进入反向传播过程。

（二）反向传播

反向传播是在确认正向传播输出信号与预期信号之间误差的基础上，计算整体网络的误差函数梯度后，按照梯度的反方向，遵循输出端、隐含端和输入端的顺序依次更新网络的权重与偏置。这一过程的目的在于通过迭代输入确保整体网络的误差函数值逐渐降低，直至达到最小值或符合预期标准。因权重与偏置调整的目的在于使误差值最小化，调整权重和偏置时应沿着负梯度方向，使权重和偏置的调整量与误差的梯度下降成正比，得到：

$$\Delta w_{jk} = -\eta\frac{\partial E}{\partial w_{jk}}, \ j=0, 1, \cdots, m; \ k=1, 2, \cdots, l \qquad (7-10)$$

其中，Δw_{jk} 为从隐含层到输出层的权重调整量；η 为学习率。

$$\Delta v_{ij} = -\eta\frac{\partial E}{\partial v_{ij}}, \ i=0, 1, \cdots, m; \ j=0, 1, \cdots, m \qquad (7-11)$$

其中，Δv_{jk} 为从输入层到隐含层的权重调整量。假定在全部的推导过程中，对输出层均有 $j=0, 1, \cdots, m$；$k=1, 2, \cdots, l$，对隐含层均有 $i=0, 1, \cdots, m$；$j=0, 1, \cdots, m$。

那么，对于输出层，式（7-10）可以转换为：

$$\Delta w_{jk} = -\eta \frac{\partial E}{\partial w_{jk}} = -\eta \frac{\partial E}{\partial o_k} \cdot \frac{\partial o_k}{\partial net_k} \cdot \frac{\partial net_k}{\partial y_j} \cdot \frac{\partial y_j}{\partial w_{jk}} \quad (7-12)$$

令

$$\delta k = -\frac{\partial E}{\partial net_k} = -\frac{\partial E}{\partial o_k} \cdot \frac{\partial o_k}{\partial net_k} = -\frac{\partial E}{\partial o_k} f'(net_k) = (d_k - o_k) o_k (1 - o_k) \quad (7-13)$$

$$\Delta w_{jk} = \eta \delta_k y_j = \eta (d_k - o_k) o_k (1 - o_k) y_j \quad (7-14)$$

对于输入层，式（7-11）可以转换为：

$$\Delta v_{ij} = -\frac{\partial E}{\partial v_{ij}} = -\frac{\partial E}{\partial o_k} \cdot \frac{\partial o_k}{\partial net_k} \cdot \frac{\partial net_k}{\partial y_j} \cdot \frac{\partial y_j}{\partial net_j} \cdot \frac{\partial net_j}{\partial v_{ij}} \quad (7-15)$$

令

$$\delta_j = -\frac{\partial E}{\partial net_j} = -\frac{\partial E}{\partial o_k} \cdot \frac{\partial o_k}{\partial net_k} \cdot \frac{\partial net_k}{\partial y_j} \cdot \frac{\partial y_j}{\partial net_j} \quad (7-16)$$

而

$$\frac{\partial E}{\partial o_k} = -(d_k - o_k) \quad (7-17)$$

$$\frac{\partial E}{\partial y_j} = -\sum_{k=1}^{l} (d_k - o_k) f'(net_k) w_{jk} \quad (7-18)$$

由此可以得出：

$$\delta_j = \left(\sum_{k=1}^{l} \delta_k w_{jk} \right) y_j (1 - y_j) x_i \quad (7-19)$$

$$\Delta v_{ij} = \eta \delta_j x_i = \eta \left(\sum_{k=1}^{l} \delta_k w_{jk} \right) y_j (1 - y_j) x_i \quad (7-20)$$

在确认神经网络权重值和阈值时，应该根据以上明确的输入端、隐含层和输出端的神经元权重值变化增量，并运用以下公式：

$$w_{jk}(n+1) = w_{jk}(n) + \Delta w_{jk} \quad (7-21)$$

$$\Delta v_{ij}(n+1) = \Delta v_{ij}(n) + \Delta v_{ij} \quad (7-22)$$

根据上述 BP 神经网络的算法结构可以得到 BP 神经网络的预测流程，如图 7-2 所示。

二 BP 神经网络的参数及评估准则

根据上述预测流程，BP 神经网络作为一种智能预测模型，具有很强的灵活性和自适应性，其显著优势在于可以根据实际问题的需要，自行设定相关重要节点的数目和类型。在神经网络的模型中，输入节点、

```
        ┌─────────────────────┐
        │ 确定BP神经网络的结构 │
        └──────────┬──────────┘
                   ↓
        ┌─────────────────────┐
        │      设置参数       │
        └──────────┬──────────┘
                   ↓
        ┌─────────────────────┐
        │  初始化权重值和阈值 │
        └──────────┬──────────┘
  训练周期……        ↓
        ┌─────────────────────┐
        │  计算保存各网络层输出│
        ├─────────────────────┤
        │  计算保存传递误差   │
        ├─────────────────────┤
        │  修正保存权重值和阈值│
        └──────────┬──────────┘
                   ↓
              ╱ 是否满足 ╲  否
              ╲ 误差要求?╱ ────→
                   │ 是
                   ↓
        ┌─────────────────────┐
        │ 得到训练好的最优仿真│
        │       网络          │
        └──────────┬──────────┘
                   ↓
        ┌─────────────────────┐
        │  利用仿真网络进行预测│
        └─────────────────────┘
```

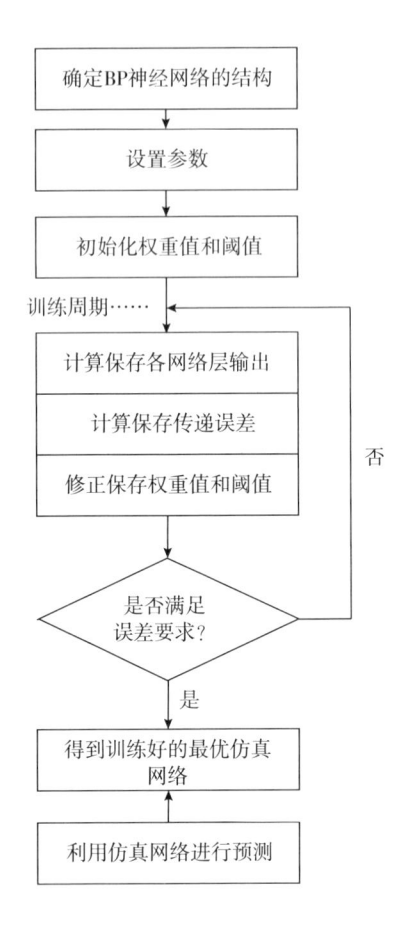

图 7-2　BP 神经网络训练流程

数据的连接部分、数据的输出部分是影响网络性能的关键部分，因此，将主要参数的确定分为以下四个部分：确定神经网络层数、确定输入层和输出层节点数、确定隐含层节点数、确定其他参数。这四个部分的参数的选择和优化，都需要考虑网络的复杂度、准确度、稳定性和泛化能力等因素。

（一）确定神经网络层数

神经网络算法的输入和输出都是由一层神经元组成的，只有位于中间的隐含层的层数和节点数需要根据具体问题来确定。本书采用一种常见的三层神经网络，即只有一层隐含层的前馈神经网络，这种网络结构简单而有效，适用于多种预测和分类问题。

(二) 确定输入层和输出层节点数

输入层和输出层的节点数取决于问题的输入变量和输出变量的维度，理论上这两个参数对网络的性能没有直接的影响，只要能够保证输入和输出的信息不丢失即可。因此，本书将根据所收集的数据特征来选择合适的输入层和输出层的节点数。本书的 BP 神经网络的输入层的神经元个数为 5 个，分别对应于 5 个韧性评价指标：进化性、缓冲性、流动性、冗余性和兼容性；输出层神经元个数为 1 个，即为韧性综合值，表示系统的韧性水平。

(三) 确定隐含层节点数

神经网络中最关键的部分就是隐含层，它是连接输入层和输出层的桥梁，神经网络对问题的学习能力和拟合能力主要取决于隐含层节点的个数，所以，隐含层节点数的确定非常重要。隐含层节点数过多会导致网络过拟合，增加计算复杂度；隐含层节点数过少会导致网络欠拟合，降低预测精度。因此，本书将参考相关文献，通过试验法来选出最佳拟合模型。隐含层神经元数常用的设置公式如下所示：

$$L=\sqrt{(m+n)}+p \tag{7-23}$$

其中，L 为隐含层的神经元数，m 为输入层的神经元数，n 为输出层的神经元数，p 为 1—10 的任一常数。由 $m=3$，$n=1$ 得到 L 在 3—12。

(四) 确定其他参数

BP 神经网络除前面提到过的参数，还需要考虑数据的预处理和训练的终止条件。由于所选择的数据存在噪声和量纲不一的问题，为了提高网络的泛化能力和收敛速度，故在操作中对数据进行归一化处理，将数据的取值范围统一到 [0，1] 区间。这样做的原因是在神经网络里选择的激活函数为 Sigmoid 函数，它的输入域为 ($-\infty$，$+\infty$)，而输出域为 (0，1)，因此，要将数据输入值控制在 [0，1] 区间，才能保证激活函数的有效性。

$$x'_i=\frac{x_i-\min(x)}{\max(x)-\min(x)} \tag{7-24}$$

此外，还要设置训练的终止条件，包括最大的迭代次数、目标误差、学习速率等。最大的迭代次数是指训练过程中允许的最多的循环次数,如果超过这个次数,训练就会自动停止,以防止过拟合或无效的训练。目标误差是指网络的期望误差,如果训练过程中网络的实际误差小于这个值,训练就会自动停止,以达到最优的拟合效果。学习速率是指网络的学习步长,决定了网络的参数更新的幅度。如果学习速率过大,会导致网络的震荡或发散;如果学习速率过小,会导致网络的收敛速度过慢或陷入局部最优。本书将最大的迭代次数设置为 5000 次,学习速率设置为 0.05%。隐含层采用双曲正切函数,输出层采用线性函数。试错法是本书所采用的核心方法,用以训练模型并获取最佳的模拟效果。这一过程中,可调整的主要参数包括隐含层神经元数目、迭代次数、动量因子和学习速率等。

预测精度的含义是指预测模型对问题的解释和模拟的质量,即由预测模型所产生的模拟值与历史实际值之间的吻合程度的高低。对于时间序列预测来说,为了验证预测模型的有效性和可靠性,可以利用历史数据的一部分作为训练数据来建立模型,然后用剩余的历史数据作为测试数据来评估模型的预测性能,以便更直观地确定预测的精度。通常确定预测精度的方法有误差、相对误差、平均相对误差和预测误差的方差和标准差等。误差是指模拟值与实际值之间的差值,相对误差是指误差与实际值之比,平均相对误差是指所有相对误差的平均值,预测误差的方差和标准差是指误差的离散程度。本书在评价 BP 神经网络模型的预测能力时,用相对误差作为模型评价的指标,即相对误差值越小,预测的精度越高。相对误差的计算公式如下所示:

$$RE = \frac{|F-T|}{T} \tag{7-25}$$

其中,预测值用 F 表示,实际值用 T 表示。

三 BP 神经网络模型仿真预测

为了评估 BP 神经网络模型在预测国家新区韧性方面的有效性,本书对每一个国家新区分别建立了 BP 神经网络模型,并进行了训练和测试。使用的训练样本是 2017—2019 年的各维度韧性及综合韧性数据,这些数据是根据第五章的韧性评价模型计算得到的。使用的测试样本是 2020 年数据,数据来源和方法同第五章。利用 Matlab R2018b 软件编程求解,利用上述试凑法,通过调整隐含层的神经元个数,找到了使模型拟合效果最好的参数。隐含层的神经元个数在3—13变化，图7-3为隐含层神经元个数为3时的训练过程，w和b分别为权重和偏置。

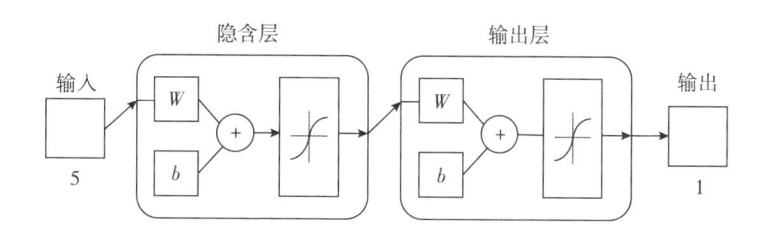

图7-3　隐含层神经元个数为3的训练过程

为了预测浦东新区、两江新区、江北新区三个国家新区的韧性水平，本书对每个新区分别建立了BP神经网络模型，并进行了训练和测试。训练和测试的数据是根据韧性评价模型计算得到的。在建立模型的过程中，本书通过试凑法来确定最佳的迭代次数和隐含层神经元个数，这两个参数直接影响模型的收敛速度和预测精度。通过不断的调整和比较，本书找到了使模型拟合效果最好的参数组合，并得到了每个新区的测试集的相对误差，用来评价模型的预测能力。

第三节　结果讨论分析

一　国家级新区创新生态系统韧性各维度预测结果分析

（一）进化性预测结果分析

1. 进化性变化情况

浦东新区、两江新区与江北新区创新生态系统进化性预测结果如表7-1所示，三个新区创新生态系统进化性预测变化趋势如图7-4所示。

表7-1　　　　新区创新生态系统进化性预测结果

年份	浦东新区	两江新区	江北新区
2017	0.09	0.04	0.11
2018	0.09	0.04	0.13

续表

年份	浦东新区	两江新区	江北新区
2019	0.12	0.03	0.11
2020	0.13	0.03	0.10
2021	0.11	0.05	0.11
2022	0.12	0.05	0.10
2023	0.12	0.05	0.10
2024	0.12	0.06	0.10
2025	0.12	0.06	0.10
2026	0.11	0.06	0.10

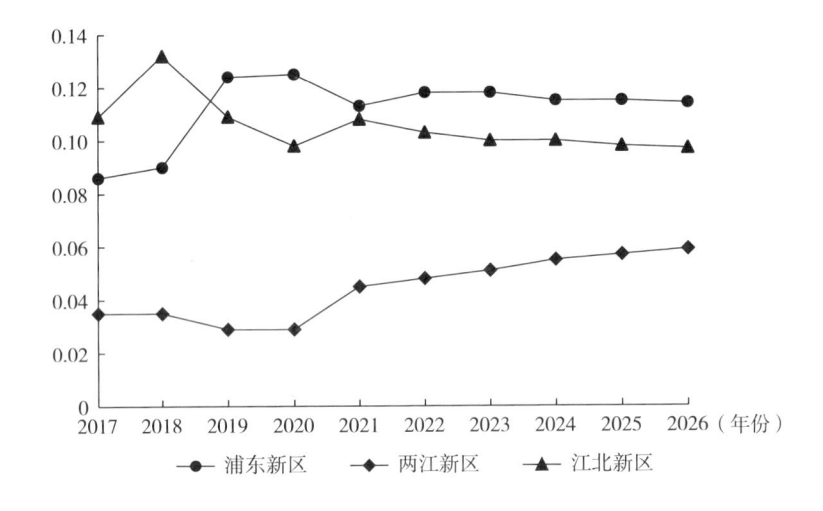

图 7-4　新区创新生态系统进化性预测趋势

由表 7-1 和图 7-4 可知，总体而言，浦东新区创新生态系统进化性水平在三个新区中保持最高水平，江北新区创新生态系统进化性处于中间水平，两江新区创新生态系统进化性处于最低水平，三个新区创新生态系统未来的变化幅度较小。其中，浦东新区和江北新区创新生态系统进化性呈现略微下降趋势，而两江新区创新生态系统进化性呈现增长趋势。

结合表 7-1 及图 7-4 中创新生态系统进化性预测结果和趋势可知，浦东新区创新生态系统进化性 2020—2021 年由 0.13 下降至 0.11，2022 年恢复至 0.12，2022—2026 年前期呈现稳定状态，后期基本保持稳定略有下降，基本保持在 0.11 以上。由此可知，浦东新区受重大突发事件冲击的影响，其创新生态系统进化性维度在 2019—2021 年出现小幅下降，2021 年后浦东新区创新生态系统进化性基本保持稳定，然而尚未恢复至重大突发事件前的进化性水平。江北新区创新生态系统进化的变化趋势与浦东新区较为接近，2020—2021 年由 0.10 增长至 0.11，2021—2026 年基本保持稳定略有下降，由 0.11 缓慢下降至 0.10。由此可知，江北新区创新生态系统进化性受重大突发事件冲击程度较低，尽管未来进化性可能出现下降，但下降程度较低基本呈现稳定状态。两江新区创新生态系统进化性 2020—2021 年由 0.03 增至 0.05，出现较大幅度增长，2021—2026 年由 0.05 增至 0.06，保持较为稳定的增长，增长速度较为缓慢。由此可知，两江新区创新生态系统进化性受重大突发事件冲击影响幅度较小，未来进化性仍将保持较为稳定的增长，其进化性水平与浦东新区、江北新区的进化性水平的差距在逐渐缩小。

2. 进化性预警情况

根据浦东新区、两江新区与江北新区创新生态系统进化性数值和进化性预警阈值，绘制图 7-5，以直观地展示三个新区创新生态系统进化性的变化情况和风险水平，反映三个新区创新生态系统进化性的动态变化和差异性，上下两条虚线分别代表安全状态与轻度预警状态之间的阈值 x_s，以及轻度预警状态与重度预警状态之间的阈值 x_d，用于判断三个新区创新生态系统进化性的预警等级，即安全状态、轻度预警状态和重度预警状态。

进化性是指创新生态系统的能力和速度，反映了创新生态系统的活力和创新性。根据浦东新区、两江新区和江北新区的创新生态系统进化性数值和预警阈值可知，三个新区中，仅有两江新区创新生态系统在进化性上呈现出上升的态势，但均处于重度预警状态，表明两江新区的创新生态系统缺乏进化性，具有较弱的竞争力和韧性。

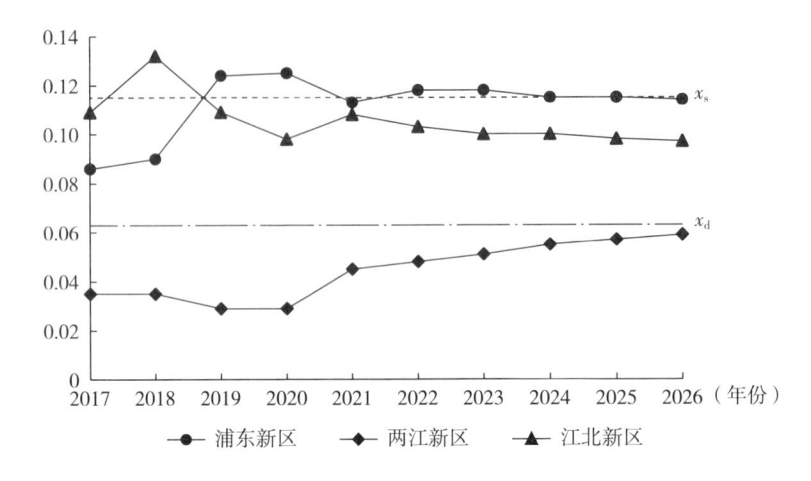

图 7-5　新区创新生态系统进化性预警状态预测

具体而言，浦东新区创新生态系统进化性在 2020—2021 年由安全状态下降至轻度预警状态，自 2022 年逐渐恢复至安全状态，2024 年后浦东新区创新生态系统进化性基本保持在安全线上，说明浦东新区的创新生态系统进化性抗风险能力较强，受到重大突发事件冲击后，虽未能保持之前的持续增长状态，但基本保持在安全水平，也验证了浦东新区的创新生态系统进化性已经恢复正常运行和发展，具有较高的韧性和稳定性。

两江新区在 2020—2021 年，进化性出现一定程度的提升，波动范围相对于 2020 年前较为明显，且 2021 年后均保持稳定增长，整体上 2020—2026 年均处于重度预警状态，但根据 2026 年的进化性数据可知，两江新区创新生态系统进化性基本接近轻度预警水平，表明前期两江新区的创新生态系统缺乏进化性，存在较大的风险，须紧急采取措施和策略，通过有效的管理优化措施，使两江新区创新生态系统进化性具有显著改善效果。

江北新区创新生态系统进化性于 2020 年处于轻度预警状态，说明江北新区的创新生态系统也存在一些风险和问题，需要进行改进和优化。2021 年情况有所改善，相对于 2020 年进化性水平出现一定回升，但未能恢复至安全状态，说明江北新区的创新生态系统实现了一定的进化和提升。随后，2021—2026 年又有所下降，保持在轻度预警状态，说明江北新区的创新生态系统仍然存在一些风险和问题，需要相关部门继续进行监测和管理，并针对进化性持续下降的趋势，精准发现问题根源进行有效治理与改进。

（二）缓冲性预测结果分析

1. 缓冲性变化情况

浦东新区、两江新区与江北新区创新生态系统缓冲性预测结果如表7-2所示，三个新区创新生态系统进化性预测未来变化趋势如图7-6所示。

表7-2　　　　　　　新区创新生态系统缓冲性预测结果

年份	浦东新区	两江新区	江北新区
2017	0.12	0.02	0.06
2018	0.14	0.04	0.07
2019	0.15	0.04	0.08
2020	0.16	0.05	0.08
2021	0.17	0.06	0.08
2022	0.19	0.06	0.09
2023	0.21	0.07	0.10
2024	0.24	0.07	0.10
2025	0.28	0.08	0.10
2026	0.34	0.08	0.11

由表7-2和图7-6可知，总体而言，浦东新区创新生态系统缓冲性保持在三个新区中最高水平，江北新区创新生态系统缓冲性处于中间水平，两江新区创新生态系统缓冲性处于最低水平。浦东新区创新生态系统缓冲性未来的变化幅度较大，两江新区与江北新区创新生态系统缓冲性变化幅度较小，且三个新区创新生态系统缓冲性未来均呈现上升趋势。

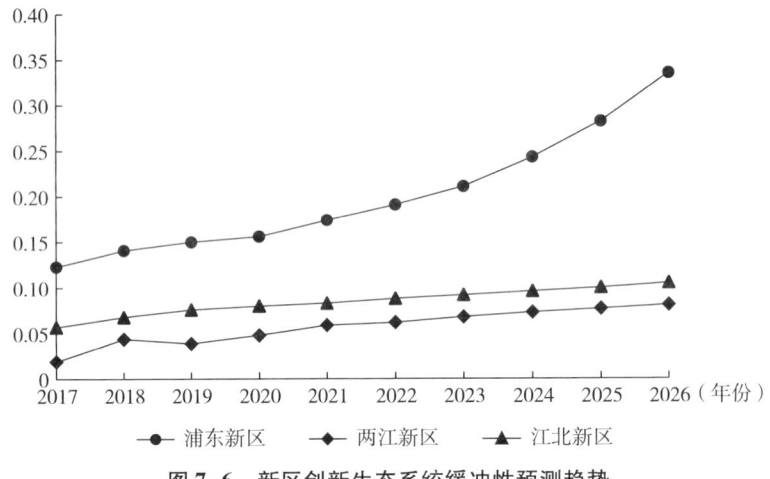

图 7-6　新区创新生态系统缓冲性预测趋势

浦东新区创新生态系统缓冲性 2020—2026 年基本呈现逐年上升趋势，由 0.16 逐渐增长至 0.34，2020—2023 年增长速度相对缓慢，由 0.16 增长至 0.21，2024—2026 年增长速度加快，由 0.24 增长至 0.34。由此可知，浦东新区创新生态系统缓冲性受重大突发事件冲击的影响较小，尽管其创新生态系统缓冲性增速放缓，但保持增长状态，并在后期恢复较高增长水平。江北新区创新生态系统缓冲性的变化趋势与浦东新区不同，2020—2026 年系统缓冲性保持稳定增长，增长速度相对缓慢，基本保持稳定状态，由 0.08 增长至 0.11。由此可知，江北新区创新生态系统缓冲性受到重大突发事件的冲击，但影响程度较低，系统缓冲性保持稳定增长状态，增速相对重大突发事件前放缓，未来系统缓冲性将保持较稳定的增长速度，其缓冲性与浦东新区缓冲性差距在逐渐增加。两江新区创新生态系统缓冲性与江北新区创新生态系统缓冲性的变化趋势较为接近，2020—2026 年两江新区系统缓冲性保持增长，增长速度相对缓慢，基本保持稳定状态，由 0.05 增长至 0.08。由此可知，两江新区创新生态系统缓冲性受重大突发事件冲击影响幅度较小，未来缓冲性仍将保持较为稳定的增长，其缓冲性水平与浦东新区缓冲性水平差距在逐渐增加。

2. 缓冲性预警情况

根据浦东新区、两江新区与江北新区创新生态系统缓冲性数值和缓冲性预警阈值，绘制三个新区缓冲性预警情况走势图，以直观地展示三个新区创新生态系统缓冲性的变化情况和风险水平，反映三个新区创新生态系统缓冲性的动态变化和差异性，上下两条虚线分别代表安全状态与轻度预警状态之间的阈值 x_s，以及轻度预警状态与重度预警状态之间的阈值 x_d，用于判断三个新区创新生态系统缓冲性的预警等级，即安全状态、轻度预警状态和重度预警状态。

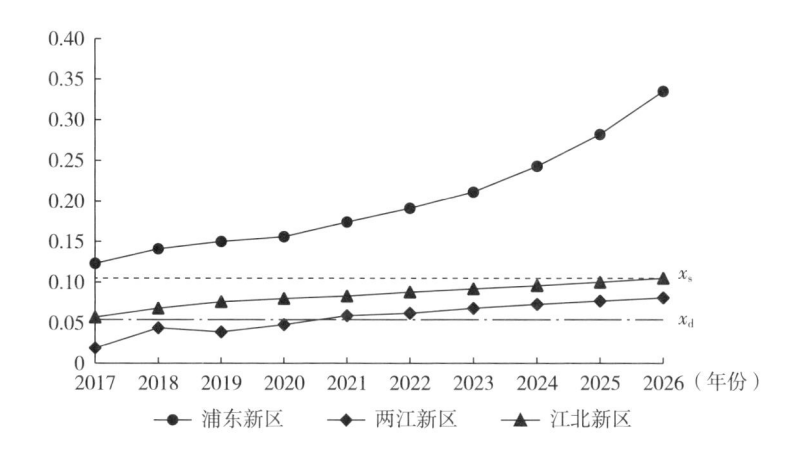

图 7-7 新区创新生态系统缓冲性预警状态预测

缓冲性是指创新生态系统在遭受外部冲击或内部失衡时，能够保持系统功能和结构的稳定性，反映了创新生态系统的韧性和弹性。由图 7-7 可知，三个新区中，总体来说均处于上升趋势，表明三个新区的创新生态系统在缓冲性方面都有所进步和提高，能够更好地应对各种风险和挑战。

具体而言，浦东新区创新生态系统缓冲性一直保持在稳定的安全状态，且未来将继续保持较高速度的增长，并相对稳定地处于安全状态，说明浦东新区的创新生态系统缓冲性抗风险能力较强，受到重大突发事件冲击后，继续保持之前的增长状态，也验证了浦东新区的创新生态系统缓冲性具有较高的韧性和稳定性。

2020—2026 年江北新区创新生态系统缓冲性出现一定程度的提升，波动范围相对于 2020 年前较低，主要表现在相对 2020 年之前的增速放缓，且2021年后均保持稳定增长，整体上2020—2026年均处于轻度预警状态。根据2026年的缓冲性数据可知，江北新区创新生态系统缓冲性基本达到安全状态水平，表明前期江北新区的创新生态系统缓冲性具有较低程度风险，采取有效的措施和治理策略，实现系统缓冲性的增强，并在未来通过有效的管理优化措施，江北新区创新生态系统缓冲性有望达到安全水平。

两江新区创新生态系统缓冲性于2020年前尽管保持增长状态，但均处于重度预警状态，自2020年后系统缓冲性短暂增速放缓，于2022年后基本恢复至较稳定的增速，且2020年前两江新区创新生态系统缓冲性均处于重度预警状态，于2021年达到轻度预警状态并一直稳定保持在轻度预警状态，说明两江新区的创新生态系统总体处于不断改进的状态，同时也存在一定风险和问题，需要进行改进和优化，需要相关部门继续进行监测和管理。

（三）流动性预测结果分析

1. 流动性变化情况

浦东新区、两江新区与江北新区创新生态系统的流动性预测结果如表7-3所示，三个新区创新生态系统流动性预测未来变化趋势如图7-8所示。

表7-3　　　　　　　　新区创新生态系统流动性预测结果

年份	浦东新区	两江新区	江北新区
2017	0.22	0.109	0.03
2018	0.13	0.07	0.03
2019	0.07	0.02	0.05
2020	0.08	0.12	0.05
2021	0.08	0.07	0.08
2022	0.08	0.08	0.07
2023	0.08	0.08	0.08
2024	0.08	0.08	0.08
2025	0.08	0.08	0.08
2026	0.08	0.08	0.08

由表7-3和图7-8可知，总体而言，2018年前，浦东新区创新生态系统流动性保持在三个新区中最高水平，两江新区创新生态系统流动性处于中间水平，江北新区创新生态系统流动性处于最低水平；2019年江北新区创新生态系统流动性超越两江新区创新生态系统流动性，浦东新区创新生态系统的流动性仍处于三个新区中最高水平；2020年两江新区创新生态系统流动性超越江北新区和浦东新区处于最高水平；自2021年，三个新区创新生态系统流动性基本处于持平状态，且未来的变化幅度较小。

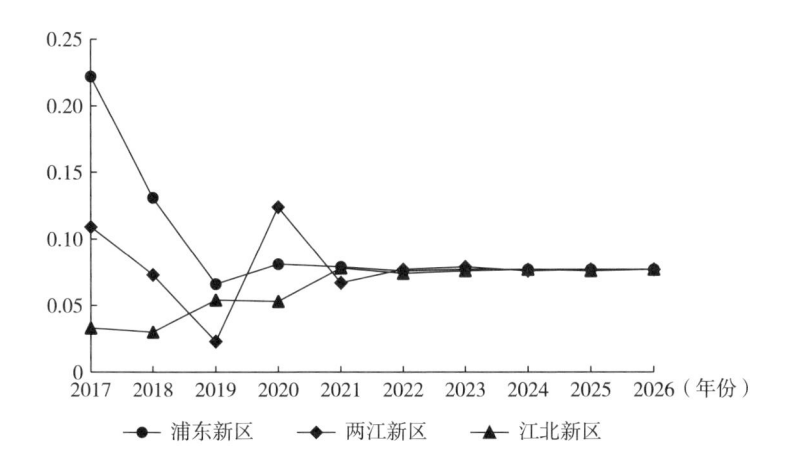

图7-8 新区创新生态系统流动性预测趋势

结合表7-3及图7-8可知，浦东新区创新生态系统流动性在2019—2020年出现一定程度回升，2020—2022年略有下降，2022—2026年基本呈现稳定状态。由此可知，浦东新区创新生态系统流动性尚未恢复至重大突发事件前的流动性水平。江北新区创新生态系统流动性的变化趋势基本呈现增长趋势，2020—2021年由0.05增长至0.08，2021—2022年基本保持稳定略有下降，由0.08缓慢下降至0.07，2022年后系统流动性基本保持稳定状态。由此可知，江北新区创新生态系统流动性受重大突发事件的冲击增速放缓，未来系统流动性基本呈现稳定状态。两江新区创新生态系统流动性2020—2021年由0.12下降至0.07，出现较大程度下降，2021—2026年由0.07增至0.08，保持稳定的增长，增长速度较为缓慢。由此可知，两江新区创新生态系统流动性受重大突发事件冲击前期较为明显，未来流动性将保持较为稳定的增长，其流动性水平与浦东新区、江北新区的流动性水平基本持平。

2. 流动性预警情况

根据浦东新区、两江新区与江北新区创新生态系统流动性数值和流动性预警阈值，绘制三个新区流动性预警情况走势图，以直观地展示三个新区创新生态系统流动性的变化情况和风险水平，反映三个新区创新生态系统流动性的动态变化和差异性，上下两条虚线分别代表安全状态与轻度预警状态之间的阈值 x_s，以及轻度预警状态与重度预警状态之间的阈值 x_d，用于判断三个新区创新生态系统流动性的预警等级是安全状态、轻度预警状态还是重度预警状态。

由图7-9可知，前期三个新区中总体上流动性变化趋势较为复杂，后期三个新区总体趋于稳定状态，但均保持在高度预警状态，表明三个新区的创新生态系统在流动性方面需要进行进一步监测和管理。

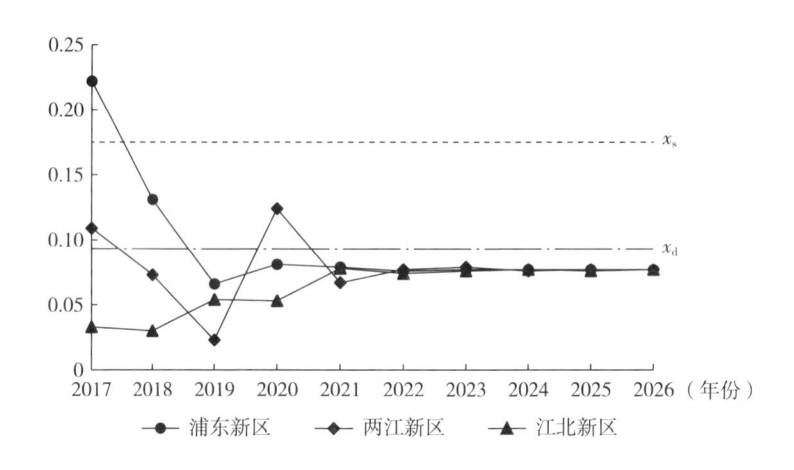

图7-9 新区创新生态系统流动性预警状态预测

浦东新区创新生态系统流动性自2018年由轻度预警状态转变为重度预警状态后，其系统流动性状态稳定保持在高度预警状态，2020—2022年系统流动性均出现一定程度下降，2022—2026年基本保持稳定且处于高度预警状态，说明浦东新区的创新生态系统流动性较低且增长趋势不显著，呈现出较明显的流动性问题，需要积极采取措施和策略，提高流动性的水平和质量，需要继续进行改进和优化。两江新区创新生态系统流动性2020年恢复至轻度预警状态后，2021年系统流动性再度下降至高度预警状态，且2021—2026年均保持在高度预警状态，并无明显增长趋势，说明两江新区的创新生态系统也存在较高的流动性风险，需要进行改进和优化。江北新区流动性自2020—2022年呈现下降趋势，2022—2026年基本保持稳定状态，但均处于重度预警状态，说明江北新区的创新生态系统虽然在流动性方面受重大突发事件的冲击较小，但仍然存在较大的风险和问题，需要进行改进和优化。可见，三个新区创新生态系统流动性均存在一定程度的问题，需加强流动性监测和管理，提高创新生态系统的韧性和可持续性。

（四）冗余性预测结果分析

1. 冗余性变化情况

浦东新区、两江新区与江北新区创新生态系统的冗余性预测结果如表7-4所示，三个新区创新生态系统冗余性预测未来变化趋势如图7-10所示。

表7-4　　　　　　　新区创新生态系统冗余性预测结果

年份	浦东新区	两江新区	江北新区
2017	0.07	0.05	0.10
2018	0.07	0.05	0.11
2019	0.08	0.05	0.13
2020	0.09	0.06	0.14
2021	0.10	0.08	0.14
2022	0.19	0.09	0.15
2023	0.12	0.10	0.16
2024	0.12	0.11	0.16
2025	0.13	0.12	0.17
2026	0.14	0.12	0.18

总体而言,江北新区创新生态系统的冗余性水平保持在三个新区中最高水平,浦东新区创新生态系统冗余性处于中间水平,两江新区创新生态系统冗余性处于最低水平,三个新区创新生态系统冗余性未来均呈现上升趋势。

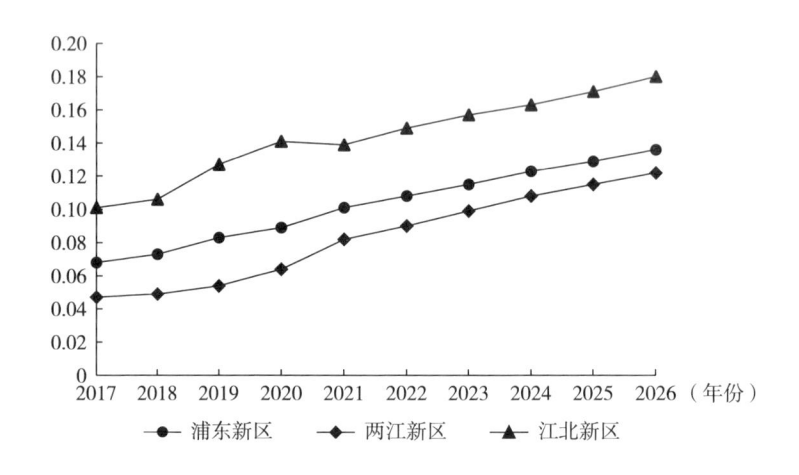

图 7-10 新区创新生态系统冗余性预测趋势

结合表 7-4 及图 7-10 可知,浦东新区创新生态系统冗余性 2020—2026 年由 0.09 上升至 0.14,除 2020—2021 年增长速度较为缓慢之外,后期增速基本保持在较为稳定的水平,由此可知,浦东新区受重大突发事件的影响,其创新生态系统冗余性维度在 2020—2021 年出现增速放缓的趋势,2021 年后浦东新区创新生态系统冗余性基本保持稳定增长。江北新区创新生态系统冗余性的变化趋势与浦东新区略有不同,2021 年与 2020 年持平,2022—2026 年基本保持稳定略有上升,由 2021 年的 0.15 缓慢上升至 0.18。由此可知,江北新区创新生态系统冗余性受重大突发事件的冲击程度较低,2020—2021 年冗余性基本呈现稳定状态,且 2021 年后恢复稳定增长趋势。两江新区创新生态系统冗余性的变化趋势与浦东新区较为接近,两江新区创新生态系统冗余性 2020—2021 年由 0.06 增至 0.08,出现较大程度增长,2021—2026 年由 0.08 增至 0.12,保持较为稳定的增长,增长速度较为缓慢。由此可知,两江新区创新生态系统冗余性受重大突发事件的冲击影响幅度较小，未来冗余性仍将保持较为稳定的增长，其冗余性水平与浦东新区、江北新区的冗余性水平差距变化幅度较小。

2. 冗余性预警情况

根据浦东新区、两江新区与江北新区创新生态系统冗余性数值和冗余性预警阈值，绘制三个新区冗余性预警情况走势图，以直观地展示三个新区创新生态系统冗余性的变化情况和风险水平，反映三个新区创新生态系统冗余性的动态变化和差异性，上下两条虚线分别代表安全状态与轻度预警状态之间的阈值 x_s，以及轻度预警状态与重度预警状态之间的阈值 x_d，用于判断三个新区创新生态系统冗余性的预警等级是安全状态、轻度预警状态还是重度预警状态。

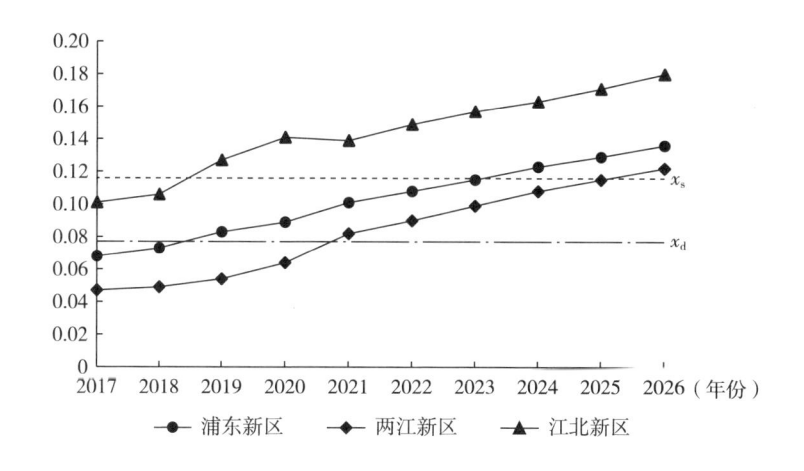

图 7-11 新区创新生态系统冗余性预警状态预测

由图 7-11 可知，三个新区中总体上冗余性处于上升趋势，表明三个新区的创新生态系统在冗余性方面都有所进步和提高，能够更好地应对各种不确定性和变化性。

具体而言，浦东新区系统冗余性 2018—2019 年由高度预警状态转为轻度预警状态后，持续保持较为稳定的增长趋势，2019—2022 年保持在轻度预警状态，且 2022—2023 年由轻度预警状态转变为安全状态，2023—2026 年继续保持稳定增长趋势，系统冗余性保持在安全状态，说明浦东新区的创新生态系统冗余性抗风险能力较强,受重大突发事件冲击后,系统冗余性未呈现较大程度波动,保持增长状态,也验证了浦东新区的创新生态系统冗余性已经恢复正常运行和发展,具有较高的韧性和稳定性。

两江新区系统冗余性未来基本呈现出较为持续稳定的增长趋势,系统冗余性在2020—2021年出现较大程度的提升,其冗余性状态从高度预警状态转变为轻度预警状态,且2021年后系统冗余性继续保持稳定增长,预计2025年冗余性状态由轻度预警状态转变为安全状态,表明前期两江新区的创新生态系统冗余性具有较低程度风险,通过采取有效的措施和治理策略,实现系统冗余性的增强,未来两江新区创新生态系统冗余性有望达到安全水平。

2017—2026年江北新区系统冗余性基本呈现出较为持续稳定的增长趋势,其冗余性状态2018—2019年由轻度预警状态转变为安全状态,自2019年后基本稳定处于安全状态,尽管2021年冗余性略有下降,但下降幅度较小并未改变其安全状态,说明江北新区的创新生态系统冗余性具有较低程度风险,未来可通过持续的监测和治理,保持增长的趋势以及稳定的安全状态。

(五)兼容性预测结果分析

1. 兼容性变化情况

浦东新区、两江新区与江北新区创新生态系统的进化性预测结果如表7-5所示,三个新区创新生态系统进化性预测未来变化趋势如图7-12所示。

表7-5　　　　　　　　新区创新生态系统兼容性预测结果

年份	浦东新区	两江新区	江北新区
2017	0.09	0.03	0.07
2018	0.11	0.04	0.09
2019	0.14	0.05	0.09
2020	0.15	0.05	0.10

续表

年份	浦东新区	两江新区	江北新区
2021	0.17	0.06	0.11
2022	0.22	0.07	0.13
2023	0.27	0.08	0.14
2024	0.36	0.09	0.17
2025	0.48	0.10	0.20
2026	0.60	0.10	0.25

总体而言，浦东新区创新生态系统的兼容性水平保持在三个新区中最高水平，江北新区创新生态系统兼容性处于中间水平，两江新区创新生态系统兼容性处于最低水平。未来三个新区均呈现持续稳定的增长状态，其中，两江新区创新生态系统兼容性变化不明显，江北新区创新生态系统兼容性未来的变化幅度较小，浦东新区创新生态系统兼容性的变化幅度相对较大。

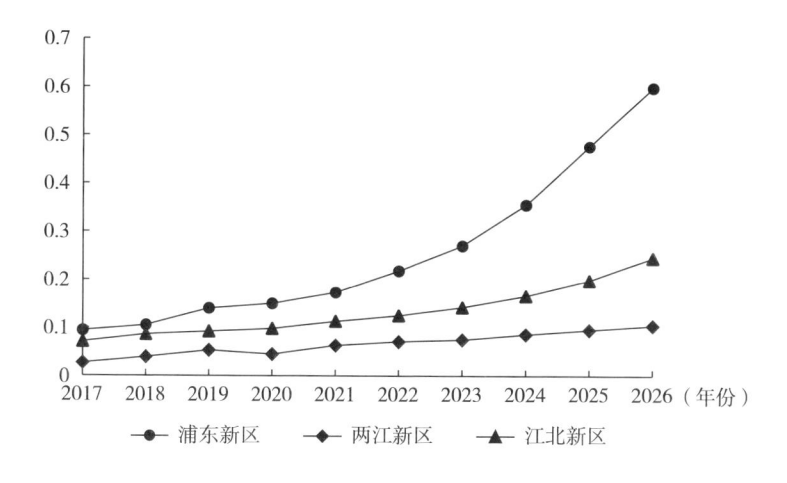

图 7-12 新区创新生态系统兼容性预测趋势

结合表 7-5 及图 7-12 可知，浦东新区创新生态系统兼容性 2020—2021 年由 0.15 增长至 0.17，增长幅度相对较小，与 2020 年前的增长速度持平，2021—2026 年系统兼容性呈现出快速增长趋势，系统兼容性水平由 0.17 增至 0.60，且系统兼容性增长速度于 2023—2025 年较快，2025—2026 年增长速度略微放缓。由此可知，浦东新区受重大突发事件冲击的影响，其创新生态系统兼容性维度波动不明显，2021 年后浦东新区创新生态系统兼容性基本保持快速稳定增长状态。江北新区创新生态系统兼容性的变化趋势与浦东新区较为接近，然而江北新区创新生态系统兼容性尽管持续增长，但其系统兼容性增长速度相对缓慢。2020—2022 年由 0.10 增长至 0.13，2022—2026 年系统兼容性的增长速度略有提升，由 0.13 逐渐增长至 0.25。由此可知，江北新区创新生态系统兼容性受重大突发事件冲击的程度较低，未来兼容性将呈现持续稳定的增长趋势。两江新区创新生态系统兼容性的变化趋势与浦东新区及江北新区的整体变化趋势一致，不同的是，两江新区系统兼容性增长幅度及增长速度不及其余两个新区明显。2020—2021 年系统兼容性由 0.05 增至 0.06，出现较为明显的增长，2021—2026 年由 0.06 增至 0.10，保持稳定的增长，增长速度较为缓慢。由此可知，两江新区创新生态系统兼容性受重大突发事件冲击的影响幅度较小，未来兼容性仍将保持较为稳定的增长，然而其兼容性水平与浦东新区、江北新区的兼容性水平差距在逐渐增大。

2. 兼容性预警情况

根据浦东新区、两江新区与江北新区创新生态系统兼容性数值和兼容性预警阈值，绘制三个新区兼容性预警情况走势图，以直观地展示三个新区创新生态系统兼容性的变化情况和风险水平，反映三个新区创新生态系统兼容性的动态变化和差异性，上下两条虚线分别代表安全状态与轻度预警状态之间的阈值 x_s，以及轻度预警状态与重度预警状态之间的阈值 x_d，用于判断三个新区创新生态系统兼容性的预警等级是安全状态、轻度预警状态还是重度预警状态。

由图 7-13 可知，浦东新区和江北新区总体上兼容性处于上升趋势，表明这两个新区的创新生态系统在兼容性方面都有所进步和提高，能够更好地协调和适应各种变化和需求。

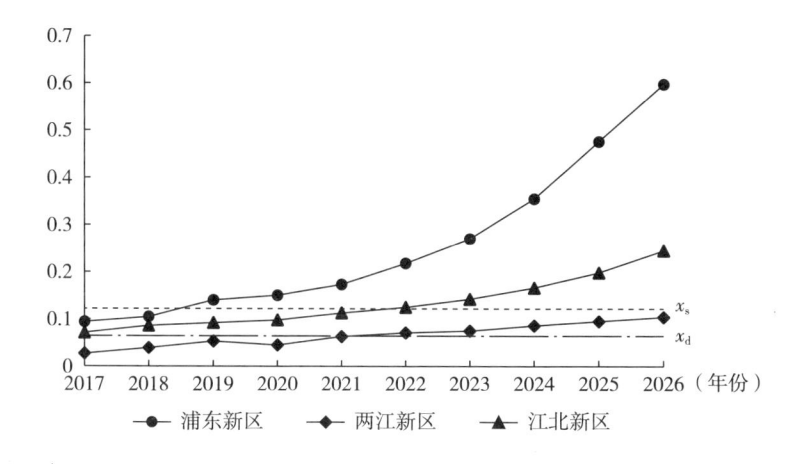

图 7-13　新区创新生态系统兼容性预警状态预测

具体而言，浦东新区创新生态系统兼容性在 2018—2019 年由轻度预警状态转为安全状态后，持续保持较为稳定的增长趋势，且 2020—2026 年稳定保持增长趋势并处于安全状态，说明浦东新区的创新生态系统兼容性较强，抗风险能力较强，受到重大突发事件后，系统兼容性未呈现较大程度波动，保持之前的增长状态，也验证了浦东新区的创新生态系统兼容性已经恢复正常，确保浦东新区运行和发展，说明浦东新区具有较高的韧性和稳定性。

两江新区创新生态系统兼容性未来基本呈现出较为持续稳定的增长趋势，兼容性在 2020—2021 年出现较大程度的提升，其兼容性状态从高度预警状态转变为轻度预警状态，且 2022 年后系统兼容性保持稳定增长，其系统兼容性状态稳定保持在轻度预警状态，其系统兼容性数值于 2026 年基本接近安全状态，表明前期两江新区的创新生态系统兼容性具有较高程度的风险，但仍须采取有效的措施和治理策略，实现系统兼容性的增强，并在未来通过有效的管理优化措施，两江新区创新生态系统兼容性有望达到安全水平。

江北新区创新生态系统兼容性基本呈现出持续稳定的增长趋势，兼容性在 2021—2022 年从轻度预警转变为安全状态，且 2022 年后系统兼容性持续稳定增长，其系统兼容性状态稳定保持在安全状态，其系统兼容性数值于 2024 年后增长速度进一步提高，表明总体上江北新区的创新生态系统兼容性风险水平较低，未来可持续进行监测和优化，保持较为稳定的增长趋势。

二 国家级新区创新生态系统韧性预测结果分析

（一）韧性变化情况

浦东新区、两江新区与江北新区创新生态系统的韧性预测结果如表7-6所示，三个新区创新生态系统进化性预测未来变化趋势如图7-14所示。

表7-6　　　　　　　　新区创新生态系统韧性预测结果

年份	浦东新区	两江新区	江北新区
2017	0.54	0.32	0.63
2018	0.77	0.72	0.59
2019	0.71	0.68	0.72
2020	0.75	0.47	0.70
2021	0.80	0.80	0.71
2022	0.77	0.78	0.79
2023	0.78	0.61	0.77
2024	0.81	0.82	0.77
2025	0.80	0.81	0.80
2026	0.80	0.70	0.79

总体而言，浦东新区创新生态系统的韧性水平相对保持在最为稳定状态，未来韧性波动状态较低，江北新区创新生态系统韧性水平低于浦东新区，且其未来的波动幅度比浦东新区韧性水平的波动幅度更大，两江新区创新生态系统韧性波动最为明显，其中，浦东新区创新生态系统的韧性总体呈现下降趋势，江北新区创新生态系统韧性呈现上升趋势。

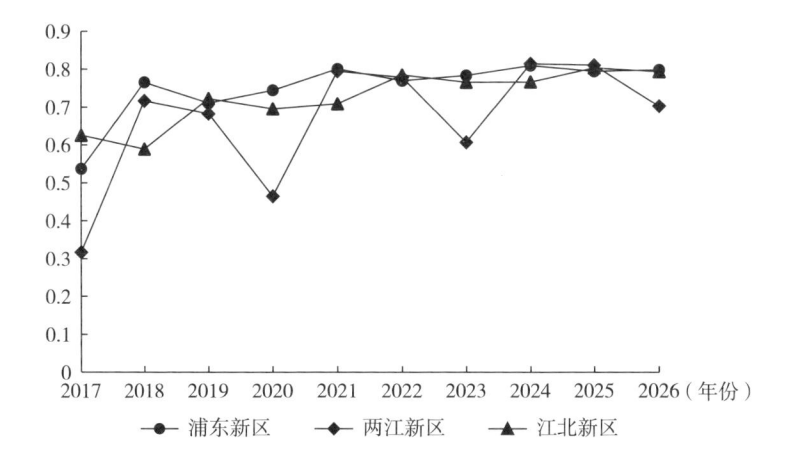

图 7-14　新区创新生态系统韧性预测趋势

结合表 7-6 及图 7-14 可知，浦东新区创新生态系统韧性 2020—2021 年由 0.75 增长至 0.80，2022 年下降至 0.77，2022—2026 年呈现稳定状态，2024—2026 年基本保持稳定略有下降，但韧性值仍在 0.77 以上。由此可知，浦东新区受重大突发事件的影响较小，未来的韧性波动性水平低。江北新区 2020—2026 年基本保持稳定略有波动，由 0.70 缓慢增长至 0.79。由此可知，江北新区创新生态系统韧性受重大突发事件冲击的程度较低，未来韧性仍将保持较为稳定的增长。两江新区创新生态系统韧性 2020—2021 年由 0.47 增至 0.80，出现较大幅度增长，2021—2026 年由 0.80 下降至 0.70。由此可知，两江新区创新生态系统韧性受重大突发事件冲击的影响幅度较大，未来韧性的波动水平较为明显，其韧性水平与浦东新区、江北新区的韧性水平差距在逐渐缩小。

（二）韧性预警情况

根据浦东新区、两江新区与江北新区创新生态系统韧性值和韧性预警阈值，绘制图 7-15，以直观地展示三个新区创新生态系统韧性的变化情况和风险水平，反映三个新区创新生态系统韧性的动态变化和差异性，上下两条虚线分别代表安全状态与轻度预警状态之间的阈值 x_s，以及轻度预警状态与重度预警状态之间的阈值 x_d，用于判断三个新区创新生态系统韧性的预警状态等级。

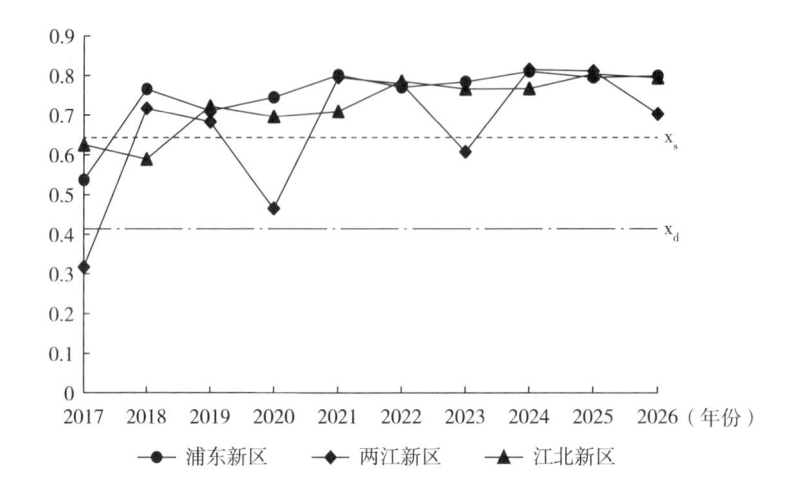

图 7-15　新区创新生态系统韧性预警状态预测

从模拟预测结果来看，重大突发事件对三个国家新区的韧性都产生了一定程度的影响，新区韧性的变化呈现出不同的特征和规律。2019年前三个新区的韧性变化幅度较大，反映了新区在创新生态系统建设和发展中面临更多的不确定性因素。2020年后，浦东新区与江北新区韧性值出现小幅波动，韧性状态保持安全状态，说明重大突发事件的冲击对浦东新区与江北新区韧性值的影响相对较小，韧性值虽略有波动但保持安全状态。两江新区韧性值于 2021—2023 年以及 2024—2026 年均出现下降，2023 年韧性状态从安全状态变为轻度预警状态，说明重大突发事件的冲击对两江新区韧性的影响相对较大，使韧性状态出现短暂下降。浦东新区是我国最早成立的国家新区，具有较高的发展水平和较强的韧性，因此，在重大突发事件的冲击下韧性下降缓慢，其韧性值始终处于最高水平，表明浦东新区在应对重大突发事件的过程中，能够有效地利用其创新资源和优势，保持其创新生态系统的稳定和活力。江北新区于 2015 年成立，已经形成了一定的创新生态系统，但是在面对具有不可抗力特征的重大突发事件时，韧性表现不足，其韧性值出现了较大的下降，反映了江北新区在重大突发事件防控和经济社会发展中遇到的困难和压力。但是经过一年的快速恢复，江北新区的韧性值开始回升，说明江北新区在重大突发事件后期，能够有效地调整和优化其创新生态系统，提高其创新能力和发展质量。两江新区是我国最新成立的国家新区，其创新生态系统还处于建设和发展的初级阶段，2017—2020年韧性波动幅度较大，反映了两江新区在创新生态系统建设和发展中的不稳定性和不确定性。因此，在面对重大突发事件冲击时，两江新区的韧性受到了较大的影响，其恢复韧性正常水平所需时间更长，说明两江新区在重大突发事件期间，需要更多的时间和努力来完善和发展其创新生态系统，提升其创新韧性和发展潜力。

从韧性五个维度和面对重大突发事件冲击的韧性变化趋势来看，浦东新区创新生态系统的进化性、缓冲性、流动性和兼容性均高于其余两个新区，这些维度反映了浦东新区在创新生态系统建设和发展中的优势和特色。因此，在面对重大突发事件冲击时，浦东新区创新生态系统的韧性表现优于其他两个新区，能够更好地应对重大突发事件带来的不利影响，保持其创新活力和发展潜力。而江北新区创新生态系统的冗余性、缓冲性和兼容性较高，这些维度反映了江北新区在创新生态系统建设和发展中的稳健和协调，说明江北新区在重大突发事件后期，能够有效地调整和优化其创新生态系统，提高其创新能力和发展质量。两江新区创新生态系统只有流动性表现尚可，其余维度的韧性值均较低，这些维度反映了两江新区在创新生态系统建设和发展中的不足和薄弱，面对重大突发事件冲击时韧性表现不足，短期内难以提升，需要更多的时间和努力来完善和发展其创新生态系统，提升其创新韧性和发展潜力。因此，针对不同的韧性维度，江北新区应从进化性和流动性两个韧性维度着手，增强其创新生态系统的变革和创新能力，提高其创新生态系统的适应性和灵活性；两江新区应从进化性、缓冲性、冗余性与兼容性四个韧性维度着手，提升其创新生态系统的进化和缓冲能力，增加其创新生态系统的冗余性和兼容性，从而提高其创新生态系统的韧性和可持续性。

第四节 本章小结

本章通过构建系统韧性的预测模型，分析了案例新区创新生态系统韧性及各维度的发展趋势。首先，通过运用BP神经网络方法，结合新区创新生态系统及各维度的数据特点，明确了新区创新生态系统韧性预测模型的神经网络结构，并构建了新区创新生态系统韧性及各维度的神经网络预测模型；其次，结合 2017—2020 年浦东新区、两江新区和江北新区创新生态系统韧性值及各维度数据，预测分析了 2021—2026 年韧性及各维度结果；最后，基于预测结果分析了浦东新区、两江新区和江北新区创新生态系统韧性的未来发展趋势，并对比了创新生态系统韧性各维度的变化趋势，同时结合新区创新生态系统韧性预警阈值，分析了新区创新生态系统韧性的变化趋势及预警状态。

第八章　国家级新区创新生态系统韧性治理策略

第一节　国家级新区创新生态系统韧性的治理分析框架

一　创新政策与国家级新区创新生态系统韧性

新区是在中央政府主导下对特定区域的战略目标作出的重新定位，承载着我国经济发展的重任，是推动我国经济高质量发展的排头兵（梁林等，2020；邓晰隆和郝晓薇，2022）。创新是经济发展的不竭动力，新区应汇聚大量创新要素，新区创新生态系统的优化已经成为新时代抢占创新制高点的重要领域。但是，随着技术的深刻变革，经济环境已经进入VUCA时代，社会经济中充斥着不稳定性、不确定性、复杂性、模糊性，"灰犀牛"事件、"黑天鹅"事件频频出现，新区创新生态系统面临着严峻的挑战（Bennett and Lemoine，2014；杨伟等，2022）。由此，新区创新生态系统韧性建设成为新区发展的重要课题。

韧性源自生态学的概念，近年来在城市发展、区域经济等领域得到了较为广泛的关注。近年来，学者开始研究区域创新生态系统韧性、数字创新生态系统韧性（刘含琪和唐世凯，2023），但对创新生态系统韧性的治理研究，特别是新区创新生态系统韧性的治理研究还存在很大的不足（杨伟等，2020）。新区的发展在很大程度上依赖政府强有力的行政手段和政策措施。这些措施旨在吸引资金、人才、技术等关键资源快速进入新区，从而催生良性的聚集效应（梁林等，2020）。这种聚集效应不仅加速了新区的建设进程，也为其后续的可持续发展奠定了坚实基础。具体来说，政府通过制定和实施一系列优惠政策，如税收优惠、资金扶持、土地供应等，吸引企业在新区投资设厂，进而带动人才、技术等资源的流入。同时，政府还加强与新区的产学研合作，推动科技创新和成果转化，为新区的发展注入源源不断的创新动力。此外，新区还注重完善融资体系，通过引入多元化的融资渠道和方式，降低企业的融资成本，提高融资效率。优化营商环境，激发市场主体的活力和创造力。这些改革举措有助于增强新区创新生态系统的稳定性，使新区在面对外部冲击时能够保持较强的抵御能力。但目前关于创新政策对创新生态系统韧性的影响研究还存在较大的不足。

本书基于复杂适应系统理论，采用 fsQCA 分析方法，探讨创新政策对新区创新生态系统韧性的作用。首先，选取供给型、需求型、环境型的三类九项具体创新政策，构建新区创新生态系统韧性的测度指标体系，运用 fsQCA 方法，研究创新政策对新区创新生态系统韧性的作用路径；其次，将新区按区域划分为东部新区、中西部新区，探索创新政策对东部新区、中西部新区创新生态系统韧性作用的差异化路径；最后，根据研究结论提出政策建议。

创新生态系统是一个复杂的系统，多重目标、市场失灵、系统失灵等问题凸显，需要政府通过创新政策规范创新生态系统的发展（Kivimaa and Kern, 2016；马文聪等, 2020）。创新政策是政府为促进创新发展和规范创新活动采取的一系列政策措施的总和（Rothwell and Zegveld, 1984；Szczygielski et al., 2017；寇明婷等, 2022）。我国现有创新政策包括资金支持、税收优惠、人才引进、知识产权保护、科研基地建设等多个方面（徐喆和李春艳, 2017）。

创新政策的相关研究大多基于企业视角分析其对企业绩效、企业创新绩效、绿色创新等的影响（Wei and Liu, 2015；罗锋等, 2022；陈彦桦, 2023；邹甘娜等, 2023）。基于区域创新视角的研究大多分析创新政策对区域创新能力、区域创新效率等的影响，如 Magro 和 Wilson（2019）分析了政策组合对区域竞争力的影响；陈光等（2022）基于组态视角分析了创新政策对区域创新能力提升的影响，认为政策工具间的组合联动效应推动区域创新水平提高；王卫和周雨晴（2023）认为，异质性研发政策会对区域创新效率产生不同的影响，财政激励、研发补贴起负向作用，知识产权保护、户籍管理起正向作用。创新政策与创新生态系统的关系研究较少，Baisheng 和 Lin（2019）建立了一个包含创新产品部门、总产品部门、家庭和政府的 DSGE 模型，提出政府补贴能够提高创新产出，但存在时滞性，政府补贴对创新产出的影响远小于对全要素生产率的影响。张锦程和方卫华（2022）提出，我国新能源汽车产业政策变迁与创新生态系统演变是一个协同演化的过程；陈文博和张璐洋（2023）研究了卫星导航产业政策与创新生态系统的构建，提出我国卫星导航产业现行政策存在政策法规体系及政策子系统不健全、难以促进产业体系化耦合发展等问题。关于政策与韧性的关系研究更少，常哲仁等（2023）认为创新试点政策能够提高城市经济韧性，而创新政策对新区创新生态系统韧性的作用如何还未得到有效论证。

新区创新生态系统具有高度复杂性和异质性，需要特定的措施提升韧性（Ramezani and Camarinha-Matos，2020）。新区的成立是国家战略计划的区域布局（张晓宁和金桢栋，2018），新区作为政府推动区域经济发展的重要战略平台，其发展在很大程度上依赖政府的行政手段和政策措施。新区通常拥有特殊的战略定位，旨在通过政策创新和资源优势来推动地区的快速发展。通过政府的引导和支持，新区能够充分发挥自身的资源优势，推动创新生态系统的建设和发展，为地区的经济繁荣和社会进步做出重要贡献，这在某种程度上可以有效减轻外部重大突发事件对新区创新生态系统的冲击（谢果等，2021b）。此外，资金支持、政府采购、知识产权保护等一系列创新政策的出台对新区健全融资体系、深化体制机制改革具有重要作用，能够引导高新产业和专业人才聚集，增强新区创新生态系统的稳定性，为新区有效抵御外部冲击奠定基础（张晓宁和金桢栋，2018）。因此，创新政策的制定与实施有利于提升新区创新生态系统韧性，但目前基于创新政策视角分析新区创新生态系统韧性治理问题的研究还不足。

本书基于政策视角研究新区创新生态系统韧性的治理问题。将创新政策分为供给型、需求型、环境型三类政策，运用 fsQCA 方法对创新政策进行组态分析，探讨其对新区创新生态系统韧性的影响，为调整创新政策、提升新区创新生态系统韧性提供理论依据。

二 政策作用分析

复杂适应系统（Complex Adaptive System，CAS）理论提供了一种理解世界的新视角。CAS 理论核心思想是，世界是由不断适应环境的系统组成的，其复杂性主要来源于系统内各元素以及系统与外部环境因素之间的相互关系、相互作用和相互连接。在这种理论框架下，生态系统作为一个复杂适应系统，与环境共同进化，而不是简单地适应一个单独的或独特的环境（Andersson and Karlsson，2006）。

新区的成立作为国家战略计划的区域布局，不仅体现了国家对特定区域发展的重视，也展现了通过优化资源配置和推动创新来提升国家整体竞争力的决心（张晓宁和金桢栋，2018）。新区在创新生态系统建设方面，展现出了高度的复杂性和异质性，在创新生态系统中，韧性是一个至关重要的适应行为（Ramezani and Camarinha-Matos，2020），代表系统在面对外部冲击和变化时，能够迅速调整自身结构和功能，保持稳定运行并持续发展的能力。对于新区而言，提升创新生态系统的韧性尤为重要，因为这直接关系到新区能否在复杂的外部环境中保持竞争优势，实现可持续发展。为了实现这一目标，特定的政府措施是必不可少的（梁林等，2020）。优化政策环境、加强创新主体之间的合作与交流、提升创新资源的配置效率等创新政策不仅有助于弥补新区创新生态系统中资源不足的问题，还能够为新区的发展提供有力保障，使新区可以不断增强自身的自组织、自适应能力，使其面对外部重大突发事件时能够保持稳定的创新生态（谢果等，2021b）。

供给型创新政策由政府针对创新主体制定实施，包括资金支持、人才引进与培养、公共服务等多个方面，为新区创新生态系统的稳健运行和持续发展提供了有力保障。

公共服务有利于改善系统营商环境，提高主体对服务的满意度。政府补贴等形式的财政政策为系统内创新行为提供资金保障。人才引进与培养以政策形式保障了企业、高校、研究机构等主体对人才的吸引与集聚。供给型创新政策有助于创新主体开展研发活动，推动技术创新和产业升级，还能提高创新主体拓展业务、延伸产业链的信心，进而实现主体的多样性。供给型政策为新区创新生态系统提供资源，能够有效提升资源配置能力，提高创新效率，改善系统整体绩效，使新区创新生态系统整体功能得到优化。供给型政策加速了系统内人力、资金等要素流动，保障所需资源，以政策支持补充外部冲击可能带来的资源缺口，有效应对外部冲击。

需求型创新政策是政府从需求端出发，通过一系列措施（如政府采购、消费端补贴、示范等）来开拓产品或服务市场，稳定市场需求，以减少创新过程中可能的阻碍。政府采购、消费端补贴、示范等政策可以有效地提高产品或服务需求，保证产品或服务的市场稳定，刺激创新主体沿产业链拓展。当面临外部冲击，多元化的产业布局可以增强新区创新生态系统的抵抗能力以及复苏能力。需求型政策以市场需求刺激创新主体投入创新，提高创新产出，进而提升整个系统的绩效。对需求的激励可以加速主体创新进程，促使人才、信息等要素高速流动，加速创新涌现、技术扩散，有助于实现系统有效的资源配置，实现以更充分的冗余资源抵御外部冲击。

环境型政策旨在优化创新环境，包括知识产权保护、税收优惠、金融支持等。良好的环境有利于吸引创新主体，实现人才集聚，加速新兴产业的发展，实现人才、资金等要素的快速流动，实现知识、技术积累，以知识共享、知识溢出以及知识转化提高创新主体创新力，保障资源充分，使新区创新生态系统，能以充分的资源、足够的缓冲性应对外部冲击。

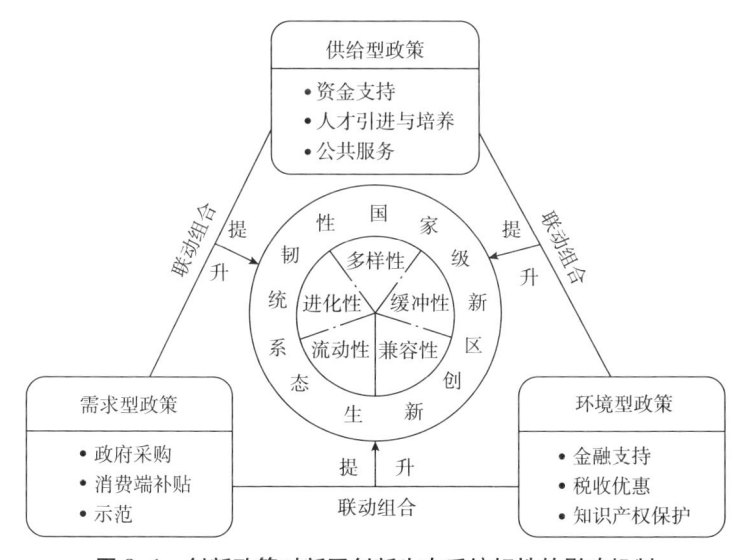

图 8-1　创新政策对新区创新生态系统韧性的影响机制

第二节 国家级新区创新生态系统韧性的政策分析过程

一 国家级新区创新生态系统韧性的政策分析方法

Ragin 于 1987 年首次提出了定性比较分析（QCA），该方法主要用于分析多种原因的不同组合（杜运周等，2021）。依据变量类型，QCA又可分为 fsQCA、mvQCA 以及 csQCA（Speldekamp et al.，2020）。本书以模糊集定性比较分析（fsQCA）方法展开研究，原因如下：首先，创新政策包括一系列政策工具，新区创新生态系统也是一个典型的复杂适应系统，研究中难以用单一的政策工具来评价创新政策对新区创新生态系统韧性的作用，应该从系统的角度来判断政策组合的作用，fsQCA可以更好地解决这一问题；其次，目前，中国共成立 19 个新区，新区的研究样本数量少，而 fsQCA 可以很好地处理 15—50 个样本的研究，处理效果良好；最后，本书中不能简单地将消费端补贴、知识产权保护和示范等看作二元条件，fsQCA 能关注条件变化的连续性，更适合处理集合的部分隶属度问题。

（一）样本选择与数据来源

目前，我国共设立了 19 个新区，其中江西赣江新区、吉林长春新区以及雄安新区都在 2016 年后设立，这类新区尚在建设完善之中，处于政策制定调整期，纳入样本可能使研究结果产生偏差。最终，本书以 2015 年底前设立的浦东新区、江北新区等 16 个新区为样本。

创新政策数据依据文本质性分析法从各新区的官方网站上检索而得，政策样本时间为 2018—2020 年。检索过程：首先，以关键词从各新区官方网站上搜索政策标题，获得原文，搜索过程坚持精简、同类原则，如以"采购"为关键词搜索"政府采购政策"，以"资金""补贴""支持""奖励"等关键词搜索"财政支持"政策；其次，筛选政策文本，删除不相关文本；最后，得到各新区 401 个政策文本。

新区创新生态系统韧性采取滞后一期值，原因在于政策从制定到实施需要一定的时间，政策实施效果存在时滞性，因此，截取 2019—2021 年新区系统韧性的数据，数据主要来源于《中国统计年鉴》、各地统计年鉴、各地国民经济与社会发展统计公报、《中国火炬统计年鉴》、Web of Science 数据库等。

(二) 变量测度

1. 结果变量

基于上文构建的指标体系，即以进化性、缓冲性、流动性、冗余性和兼容性来衡量新区创新生态系统韧性，指标体系如表 5-1 所示。

采用超效率 SBM 模型测度进化性，以修正耦合协调度模型测度缓冲性，以有速度特征的动态综合评价的方法测度流动性，将熵值法与层次分析法计算出的综合权重，与 TOPSIS 法相结合测度冗余性和兼容性。通过系统协同度模型对韧性值进行综合测量，得到 2019—2021 年各新区创新生态系统的韧性值。需要说明的是，采取熵权法中的二次加权法（郭亚军等，2007），其中，第一次加权主要关注不同时期指标的作用，在其基础上第二次加权关注时间的作用。

2. 条件变量

创新政策根据不同分类标准有不同的分类方法。基于政策的作用方式，Rothwell 和 Zegveld（1984）将政策分为供给型、需求型和环境型三类，该分类方法得到了学术界的广泛采用（徐喆和李春艳，2017；郭雯等，2018）。本书采用该分类方法。具体如表 8-1 所示。

表 8-1　　　　　　　　创新政策分类及其定义

政策类型	政策名称	政策含义
供给型政策	资金支持	政府以政府补助、基金、科研经费等形式提供财力支持
	人才引进与培养	创新人才的引进、培养等
	公共服务	平台服务、公共服务、技术服务等
需求型政策	政府采购	政府购买创新产品和服务
	示范	示范工程、试点试验、园区建设等
	消费端补贴	对购买创新产品的提供补贴，如收购补贴等
环境型政策	金融支持	风险投资、贷款贴息、融资等
	税收优惠	优惠税率、加速折旧、加计扣除等
	知识产权保护	为知识产权保护提供支持

依据检索得到的创新政策数据，基于 NVIVO 软件进行识别、归类，

运用多项工具的创新政策进行重复编码,随机抽取 50 份政策文本,并邀请两位专业人士再次编码,以确保政策分类的准确性,若结果一致则记为 1,反之记为 0。通常若一致性程度大于 0.8,那么编码结果是能够被接受的(李燕萍等,2009)。本书最终的一致性程度分别是 82%、84%,即编码结果具有一定的可信度。

新区创新政策数目如图 8-2 所示。可以发现,新区创新政策的制定与实施存在差异。政府倾向于使用资金支持、金融支持、公共服务、人才引进与培养等政策,而对示范、政府采购等措施采用较少,消费端补贴、知识产权保护等政策运用最少,即新区政府倾向于运用供给型政策,为创新主体提供更多的资源,通过对创新主体的政策刺激,激励创新主体投入创新活动,规范主体的创新活动,以有效应对外部冲击,提升创新生态系统韧性;而新区对环境型政策以及需求型政策的运用还存在不足,政府可制定更多的需求型、环境型政策来提升新区创新生态系统韧性。

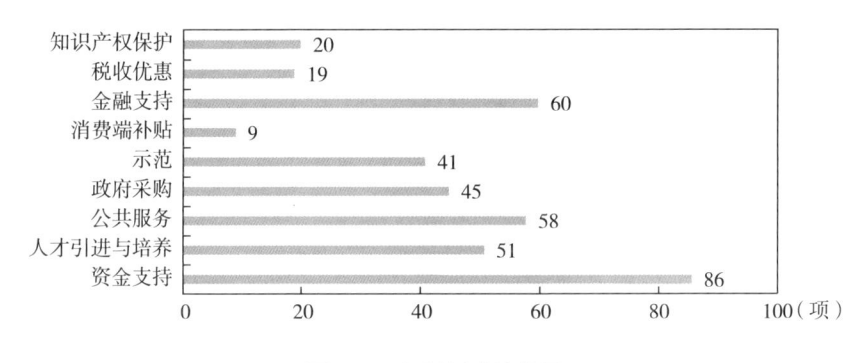

政策类型	数目
知识产权保护	20
税收优惠	19
金融支持	60
消费端补贴	9
示范	41
政府采购	45
公共服务	58
人才引进与培养	51
资金支持	86

图 8-2 各创新政策数目

各新区创新政策总数如图 8-3 所示。浦东新区发展最好,其创新政策也最多,高达 101 项;其他新区创新政策较少,西海岸新区、江北新区、南沙新区、西咸新区、滨海新区、金普新区、兰州新区、两江新区、湘江新区的创新政策处于 10—50 项范围;天府新区、滇中新区、贵安新区、福州新区、哈尔滨新区、舟山新区等创新政策最少,创新政策在 10 项以内。

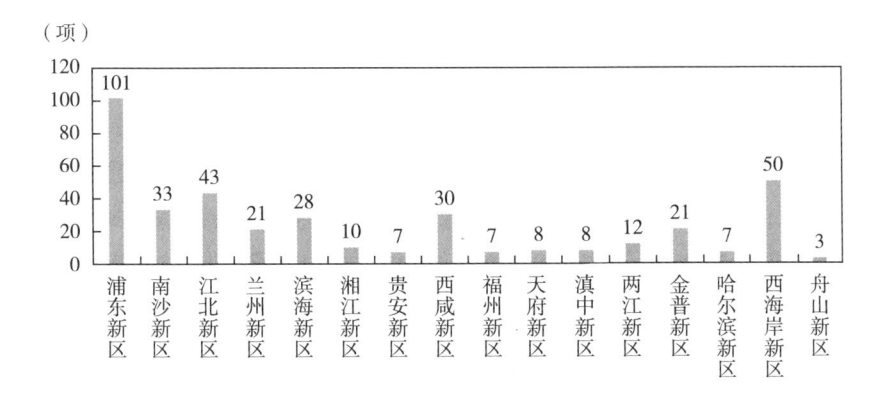

图 8-3 各新区创新政策数目

新区创新生态系统韧性以及创新政策的描述性统计如表 8-2 所示。可以发现，新区创新生态系统韧性的最大值和最小值分别为 1.5、0.95，均值是 1.13，即各新区创新生态系统韧性水平不一。从创新政策的均值来看，资金支持最大，为 5.38，消费端补贴的均值最小，为 0.56，说明新区资金支持相关政策最多，消费端补贴政策尚需进一步拓展。创新政策最大值与最小值均有较大差距，即创新政策的制定与实施存在差异。

表 8-2　　　　　　　　　描述性统计

	均值	标准差	最小值	最大值
韧性值	1.13	0.17	0.95	1.50
资金支持	5.38	4.84	0	17
人才引进与培养	3.19	4.42	0	17
公共服务	3.63	5.02	0	20
政府采购	2.81	6.96	0	26
示范	2.56	2.78	0	9
消费端补贴	0.56	0.81	0	3
金融支持	3.75	2.49	0	8
税收优惠	1.19	0.54	1	3
知识产权保护	1.25	2.24	0	9

二 国家级新区创新生态系统韧性的政策分析结果

（一）变量校准

fsQCA 分析之前需先对变量进行校准。参考已有研究，本书以直接校准法将数据转换为模糊集隶属分数。借鉴杜运周和贾良定（2017）的做法，分别将样本数据的 95%、50% 和 5% 分位数设置成完全隶属点、交叉点、完全非隶属点。各条件与结果的校准结果如表 8-3 所示。

表 8-3　　条件和结果的校准

变量分类	条件和结果	完全隶属点	交叉点	完全不隶属点
结果变量	韧性	1.49	1.11	0.95
供给型政策	资金支持	13.25	3.50	0.75
	人才引进与培养	11.00	1.50	0
	公共服务	10.25	2.00	0
需求型政策	政府采购	16.25	0	0
	示范	6.75	1.00	0
	消费端补贴	1.50	0	0
环境型政策	金融支持	8.00	3.50	0.75
	税收优惠	2.25	1.00	1.00
	知识产权保护	4.50	1.00	0

（二）单个条件的必要性分析

为确定各条件变量能否成为新区创新生态系统韧性的必要条件，在条件组态分析之前，需要单独检验所有条件的必要性。学术界一般采用一致性检验，若一致性高于 0.90，则认为该条件是必要条件（彭永涛和侯彦超，2020）。覆盖度用于衡量条件变量组合的重要性。基于 fsQCA 4.0 软件检验高创新生态系统韧性的必要条件（见表 8-4）。结果表明，各单一变量对结果具有一定的解释程度，除消费端补贴以外，各条件的一致性均小于 0.90。说明高消费端补贴可能是高新区创新生态系统韧性的必要条件。

表 8-4　　　　　　　　　　　　必要条件分析

	高创新生态系统韧性		低创新生态系统韧性	
	一致性	覆盖度	一致性	覆盖度
高资金支持	0.73	0.69	0.50	0.58
低资金支持	0.55	0.47	0.73	0.77
高人才引进与培养	0.75	0.73	0.52	0.63
低人才引进与培养	0.62	0.51	0.78	0.80
高公共服务	0.68	0.67	0.50	0.61
低公共服务	0.61	0.49	0.73	0.74
高政府采购	0.84	0.65	0.76	0.74
低政府采购	0.66	0.69	0.64	0.84
高示范区建设	0.73	0.62	0.56	0.59
低示范区建设	0.51	0.48	0.64	0.75
高消费端补贴	0.91	0.60	0.83	0.69
低消费端补贴	0.53	0.72	0.520	0.88
高金融支持	0.72	0.69	0.49	0.59
低金融支持	0.57	0.47	0.74	0.77
高税收优惠	0.76	0.61	0.71	0.71
低税收优惠	0.64	0.64	0.61	0.76
高知识产权保护	0.55	0.67	0.40	0.60
低知识产权保护	0.67	0.47	0.78	0.68

（三）条件组态的充分性分析

进一步进行充分性分析，由于研究者对观察案例的熟悉程度的差异和样本量、案例在真值表中的分布，关于一致性阈值的界定有很多方式（程聪和贾良定，2016），通常将阈值设成 0.75、0.76、0.80 等（张明等，2019）。基于陶克涛等（2021）的做法，考虑样本数据特征，将一致性阈值设为 0.8，最小案例频数为 1，最终涵盖 14 个样本。通过布尔代数运算，得到创新政策对新区创新生态系统韧性的组态分析结果，如表 8-5 所示。

表 8-5　国家级新区创新生态系统韧性值组态分析结果

条件组态	组态 1	组态 2	组态 3
资金支持	•	⊗	•
人才引进与培养	•	⊗	•
公共服务	●	●	●
政府采购	●	●	●
示范	•	⊗	•
消费端补贴	—	•	•
金融支持	•	•	⊗
税收优惠	•	⊗	⊗
知识产权保护	⊗	⊗	⊗
一致性	0.810	0.878	0.825
原始覆盖度	0.494	0.383	0.393
唯一覆盖度	0.103	0.035	0.018
解的一致性	0.835		
解的覆盖度	0.647		

注：●表示核心条件存在；⊗表示边缘条件缺失；•表示边缘条件存在，"—"表示条件可有可无。

表 8-5 中，每一纵列代表了一种可能的条件组态，结果表明可以解释高创新生态系统韧性的组态形式有三种。另外，单个解（组态）以及总体解的一致性水平，都高于 0.75（可接受的最低标准），总体解的一致性为 0.835，表明在上述条件组态中有 83.5% 的案例取得了较好的政策效果。总体解的覆盖度为 0.647，意味着 64.7% 的高创新生态系统韧性案例隶属于以上三种组态。基于条件组态，本书可以进一步识别不同政策工具在提升新区创新生态系统韧性中的适配关系和协同效应。

在条件组态 1 中，公共服务和政府采购发挥核心作用，资金支持、人才引进与培养、示范、金融支持、税收优惠发挥补充作用。该组态的原始覆盖度是 0.494，即该组态路径能够解释 49.40% 的新区创新生态系统韧性建设案例；唯一覆盖度为 0.103，表明 10.30% 的新区创新生态系统韧性建设案例仅能被这条路径所解释。在所有新区中，浦东新区与该组态特征最为相似。近年来，为了实现高水平改革开放，打造社会主义现代化建设引领区，落实"十四五"规划，浦东新区政府出台了诸多政策法规，努力构建良好的市场环境。在公共服务方面，浦东新区率先开展"一业一证、证照分离""商事登记制度""一表申请、一窗发放"改革，转变市场准入审批管理工作的核心，优化审批流程，优化企业服务，持续推进审批服务便民化工作方案。在政府采购方面，2022年浦东新区的政府采购预算为272.15亿元，达到当年总预算的22.82%，有效地推动了新区经济的发展。在资金支持方面，浦东新区的举措体现了其对科技创新和科技企业发展的高度重视。通过创立科技基金和创投发展基金等，不仅为拥有核心技术的科技企业提供了必要的资金支持，还通过一系列措施帮助企业孵化、将成果推向市场，进而实现了"研发、投资、转化"的联动发展。在人才引进与培养方面，实行"1+1+N"人才政策，采取"一站式"人才服务综合体模式，提供了一系列保障措施引进国内外高端人才，比如打造高品质人才社区、新增人才公寓6000套以上等。在金融支持方面，发布"孵化贷""浦东创新贷""高企贷""知识产权质押贷"等金融产品，以贴息政策激发企业创新活力。在税收优惠方面，颁布新十条税收征管服务措施，实施一系列优惠政策，激励企业增加研发投入。面向未来，浦东新区进一步提出构建"政产学研金服用"七位一体的"热带雨林式"创新生态，建设国际科技创新中心核心区，加大全社会研发投入，提升财政科技创新能力，预计到2025年浦东新区全社会研发经费投入年增长超10%，市级以上科技公共服务平台超过250个，每万人口高价值发明专利拥有量超过50件，创新型孵化器超过200家，新认定高新技术企业年均超过2000家。

在条件组态2中，公共服务和政府采购发挥了核心作用，消费端补贴和金融支持发挥了补充性作用。该组态的原始覆盖度为0.383，即该组态路径可以解释38.3%的新区创新生态系统韧性建设案例；唯一覆盖度为0.035，表明3.5%的新区创新生态系统韧性建设案例仅能被这条路径所解释。在所有新区中，西海岸新区最符合该组态特征。西海岸新区以海洋经济发展为主题，在公共服务方面，全国首创"一证（照）通"和"审批—监管—执法"一体化平台应用，在全省率先部署评标专家人脸识别签名系统,在全省首推"一窗式"改革,持续优化企业服务。在政府采购方面,该新区 2022 年政府采购预算 5095 万元,约占当年总预算的 45.02%,有效推动了该新区创新发展。在消费端补贴方面,为加快新区海洋产业强链补链,促进新区海洋经济高质量发展,采取融资租赁设备补贴、企业新购入船舶租赁登记费 100% 补贴等。在金融支持方面,成立区级海洋产业强链补链引导基金,引进股权投资基金、风投基金、海洋产业天使基金等,优先支持涉海基础设施建设以及海洋产业发展,切实解决企业生产经营中的"堵点""痛点""难点"。

在条件组态 3 中,公共服务和政府采购发挥了核心作用,资金支持、人才引进与培养、示范、消费端补贴发挥了补充作用。该组态的原始覆盖度为 0.393,即该组态路径可以解释 39.3% 的新区创新生态系统韧性建设案例;唯一覆盖度为 0.018,表明 1.8% 的新区创新生态系统韧性建设案例仅能被这条路径所解释。在所有新区中,滨海新区与该组态特征最为相似。在公共服务方面,建构医疗大数据服务平台、研发外包服务平台以及"细胞存储—制备—生产"平台等,形成了一个"生产—研发—治疗"一体化平台。在资金支持方面,设置细胞产业发展基金,设立天使投资以及风险投资,鼓励创新创业、给予房租支持,这些举措有效地推动细胞产业高质量、可持续发展。在人才引进与培养方面,实施"鲲鹏计划""海河英才计划"等,根据个人贡献不同分别给予 20 万—150 万元奖励,很好地吸引海内外优秀人才。在消费端补贴方面,以资金补贴新引进仪器设备、生物材料、试剂等企业,全方位促进细胞产业链配套发展。在示范方面,成立了健康医疗以及细胞治疗示范区,聚焦全球高端创新资源。

经过综合分析,可以看出三个不同的条件组态中,公共服务和政府采购始终占据核心地位,在新区创新生态系统韧性建设中发挥着举足轻重的作用。进一步对比组态 1 和组态 2 可以发现,当税收优惠、示范、人才引进与培养、资金支持等政策存在局限性时,消费端补贴在一定程度上可以起到弥补作用,增强创新生态系统的韧性。再将组态 3 与组态 2 进行对比,结果显示当金融支持政策无法达到预期时,可以选择采用示范、人才引进与培养、资金支持等作为替代,以强化创新生态系统的韧性。对比组态3与组态1，发现当消费端补贴政策的效果不尽如人意时，通过实施税收优惠、金融支持这两种政策工具，同样可以有效提升新区的创新生态系统韧性。

（四）差异化分析

不同地区的经济发展水平、资源禀赋等情况不同，导致不同地区的新区建设存在较大的异质性（张平淡和袁浩铭，2018b；曹清峰，2020b；余华义等，2023）。另外，不同地区制度环境的差异也会导致资金支持、人才引进与培养、公共服务、消费端补贴、金融支持、税收优惠、知识产权保护以及政府采购等政策对新区创新生态系统韧性的作用不同。为探索不同地区创新政策对新区创新生态系统韧性作用的差异化，根据国家统计局对我国东部地区、中部地区、西部地区的划分，本书把新区分类为两个子样本进行分析。

1. 东部地区新区创新生态系统韧性提升路径

东部地区结果见表8-6第2—3列。结果显示，东部地区高创新生态系统韧性存在两种条件组态。总体解的一致性为0.836，表明在上述条件组态中有83.60%的案例取得较好的政策效果。总体解的覆盖度为0.602，意味着60.2%的高创新生态系统韧性案例隶属于以上两种组态。

表8-6　我国东部、中西部新区创新生态系统韧性值差异化路径

条件组态	东部地区		中西部地区	
	组态1	组态2	组态3	组态4
资金支持	•	•	⊗	•
人才引进与培养	●	•	⊗	•
公共服务	●	⊗	●	•
政府采购	⊗	●	•	•
示范	•	•	⊗	•
消费端补贴	⊗	⊗	•	⊗
金融支持	•	•	•	●
税收优惠	⊗	•	•	•
知识产权保护	⊗	⊗	⊗	⊗
一致性	0.887	0.816	0.939	0.875

续表

条件组态	东部地区		中西部地区	
	组态1	组态2	组态3	组态4
原始覆盖度	0.321	0.369	0.308	0.308
唯一覆盖度	0.133	0.181	0.131	0.130
解的一致性	0.836		0.909	
解的覆盖度	0.602		0.638	

注：●表示核心条件存在；⊗表示边缘条件缺失；•表示边缘条件存在，"空白"表示条件可有可无。

在组态1中，驱动新区创新生态系统韧性提升的政策中，当政府采购水平、消费端补贴、税收优惠和知识产权保护水平较低时，人才引进与培养和公共服务会作为核心条件，资金支持、示范和金融支持会作为辅助存在条件。组态2则表明，即使政府的公共服务、消费端补贴、税收优惠和知识产权保护水平不高，政府采购会作为核心条件存在，资金支持、人才引进与培养、示范、金融支持会作为辅助条件，驱动新区高水平创新生态系统韧性。两组组态路径表明，东部地区在资金支持、消费端补贴、示范、金融支持、知识产权保护以及税收优惠水平一定的情况下，人才引进与培养、公共服务和政府采购分别作为核心条件与其他条件的不同组合，驱动新区创新生态系统韧性的提升。

我国东部属于经济较发达地区，在供给、需求与环境层面都具有较好的基础条件。在公共服务方面，东部地区制定了多项政策措施，提高新区公共服务质量。比如浦东新区实施《浦东新区简化优化公共服务流程方便基层群众办事创业的实施方案》，以放管结合、简政放权和优化服务协同，加速大众创业、万众创新局面形成，多措并举，不断提高服务效率，提升群众的满意度，提高新区创新生态系统韧性。在政府采购方面，东部地区大多数新区都出台了诸多措施，通过一系列政策规范政府采购措施，提高政府采购效率，以推动新区创新发展。在人才引进与培养方面，东部地区具有对外开放的先天地理优势，各新区积极引进全球顶尖和高水平的人才，努力构建成为国际人才培养和发展的集聚区域，以及国际协同创新的战略要地，从而促进新区实现高速、高质发展。

2. 中西部地区新区创新生态系统韧性提升路径

中西部地区的结果见表 8-6 第 4—5 列。结果显示，中西部地区同样存在两种条件组态驱动新区高创新生态系统韧性，而条件组态与东部地区有很大差异。结果中总体解的一致性为 0.909，表明在上述条件组态中有 90.90% 的案例取得较好的政策效果。总体解的覆盖度为 0.638，意味着 63.80% 的高创新生态系统韧性案例隶属于以上两种组态。

组态 3 表明，在资金支持、人才引进与培养、示范、税收优惠、知识产权保护水平较低的中西部地区，公共服务作为核心条件，政府采购、消费端补贴和金融支持作为边缘条件，是提升中西部地区新区创新生态系统韧性的重要路径。在组态 4 中，政府采购和金融支持为核心条件，人才引进与培养、资金支持、税收优惠、公共服务和示范作为边缘条件，提高新区创新生态系统韧性。经过分析，两组不同的路径显示，在推动中西部地区新区创新生态系统韧性建设的过程中，供给层公共服务、需求层政府采购以及环境层金融支持是核心要素，扮演着至关重要的角色。它们与其他相关条件的不同组合，形成了各具特色的"组合拳"，为新区创新生态系统的韧性建设提供了有效的推动力。

综合分析，尽管在供给、需求、环境层面，中西部地区与东部地区相比具有一定差距，但其独特的地理位置和丰富的资源基础为其发展提供了独特优势。中部地区毗邻沿海，连接内陆，具备明显的地域优势，为经济发展奠定了坚实的基础。同时，随着数字中国、振兴东北、西部大开发战略等国家战略的深入实施，中国经济发展正由东部引领向东西均衡发展的新模式转变，为中西部地区的发展带来了新机遇。近年来，处于中西部地区的新区积极响应国家战略，从供给、需求、环境层面加大政策支持，推动新区创新生态系统的建设。例如，兰州新区以科技创新为引领，走出了一条"产业发展带动科技创新、科技创新引领产业升级"的特色道路，顺利入选第二批"科创中国"试点城市。作为贵州省创新发展的核心区域，贵安新区依托贵阳大数据科创城，完善、拓展产业链条，为区域经济发展注入新动力。在公共服务方面，中西部地区的各大新区也积极探索创新，贵安新区通过推出"一网通办"平台服务，探索"一窗通办""一日办结""一表申请"等模式，提供更完善的营商环境，为企业和居民提供更加便捷、高效的服务。通过两项政策组态，中西部地区的各大新区都展现出了蓬勃的创新发展活力。它们正日益崭露头角，成为推动区域经济增长的强劲新动力，引领着中西部地区迈向更加繁荣的未来。

综上所述，在提升新区创新生态系统韧性方面，我国东部、中西部地区呈现出各具特色的差异化路径。东部地区的新区凭借人才引进与培养的深厚基础、优质的公共服务和政府采购策略，以及与其他条件的精准组合，成功构建了高水平的创新生态系统韧性。而在中西部地区，新区则通过加强公共服务、政府采购以及金融支持，并结合其他政策工具的组合运用，有效地提升了创新生态系统的韧性。这种差异化的策略选择，体现了各地区在新区建设中的因地制宜、因时制宜。

第三节　国家级新区创新生态系统韧性提升的政策建议

创新政策的联动效应深刻揭示了新区创新生态系统的多维复杂性。面对这一挑战，新区应紧密结合自身优势和特色，构建高水平创新生态系统。通过精准制定、实施创新政策，有效促进政策间的互补与协同，进而提升整个创新生态系统的韧性。

（一）融合政府及市场主体力量，共建创新生态系统韧性共同体

要结合政府的引领作用以及市场参与主体的自发创造力，积极汲取各种力量，包括系统内政府、企业、科研院所、高校等主体的力量，共同推动新区创新生态系统韧性提升工程。推行政府引导的组织管理方式，根据新区的具体需求，推动各类主体以平等的身份，共建创新生态系统韧性共同体，这种参与方式不仅有助于各主体间的平等交流和合作，还能共同提高创新生态系统的韧性水平。在创新生态系统韧性建设中，增加价值认同，以价值认同为基础，建立动态平衡的利益机制，制订清晰、公平的利益分配方案，加速形成"我中有你、你中有我"的高度一体化发展的价值取向，在持续的建设过程中，逐步实现新区创新生态系统各主体间的和谐与共赢，使新区创新生态系统能够更加稳健、高效地应对各种挑战，为区域的可持续发展提供强有力的支撑。

(二) 完善新区创新政策支持体系，强化创新政策的协同作用

加强政府采购支持力度，完善公共服务配套体系。要高度重视政府采购等需求层工具的拉动作用，通过强化政府采购来激发市场活力；加速探索其他政策，完善需求型政策体系；进一步保障需求型政策与其他政策协同作用，从而最大限度地发挥创新政策的作用。加大招商力度引进优质资源，不断完善公共服务设施以及基础配套等建设，以提升公共服务的品质和效率，营造优质的公共服务环境，进一步为新区创新生态系统提供有力支撑，增强新区的创新能力和创新生态系统韧性。构建多层次、全链条、全方位的政策服务体系，强化各类政策之间的互补性，丰富需求型、供给型和环境型创新政策的组合。当消费端补贴效果不佳时，可以采取增加资金支持、加强人才引进与培养、建设示范项目、提供税收优惠等措施，刺激市场需求和创新活力；当金融支持政策不足时，可以通过加大资金支持力度、吸引和培养高端人才、建设创新示范区等，提升创新能力和市场竞争力；当消费端补贴政策不理想时，除继续优化消费端补贴政策外，还可以通过加强金融支持和税收优惠力度，降低创新成本，提高创新效率，进一步完善新区创新政策支持体系，强化创新政策的协同作用，提高新区创新生态系统的韧性和竞争力。

(三) 差异化设计各地创新政策，打造高韧性的新区创新生态系统

创新生态系统韧性的政策组合必须因地制宜，进行差异化设计。政府应深入剖析本地区的实际情况，精准施策，以提升新区创新生态系统的韧性。东部地区通常拥有较为发达的经济基础和丰富的创新资源，政府可以重点在人才引进与培养、公共服务以及政府采购等方面发力，通过提供优质的公共服务，吸引和留住高端人才，同时利用政府采购等手段引导市场需求，形成强大的创新驱动力，在此基础上，结合其他政策组合，如税收优惠、资金扶持等，共同构建高韧性的创新生态系统。而对于中西部地区，由于经济发展相对滞后，创新资源相对匮乏，政府需要更加注重公共服务、政府采购以及金融支持等方面的政策设计，通过完善公共服务体系，提升公共服务质量，吸引企业和人才入驻，利用政府采购等手段，扩大市场需求，促进创新成果的转化和应用；同时，加大金融支持力度，提供多元化的融资渠道，降低创新成本，激发创新活力，在此基础上，结合其他政策组合，共同推动新区创新生态系统韧性

的提升。

（四）构建健全有效的保障机制，推动新区创新生态系统韧性提升建设

以新安全格局保障新发展格局为战略目标，根据新区创新生态系统韧性的战略规划、建设方式、协调机制等，制定一系列配套支持政策，消除制约韧性治理的政策性瓶颈以及制度性障碍，确保创新活动的顺利进行。建立权责统一的利益保障机制，在创新生态系统中，各方利益应该得到合理的分配和保护，形成收益共享、风险共担、共同发展的利益激励机制，促进各方的积极参与，确保整个系统的稳定与可持续发展，从而最大化、最优化各方利益。优化韧性建设过程中社会参与渠道和项目合作效果，通过建立健全的合作机制，鼓励企业、高校、科研机构等多元主体积极参与韧性建设，支持多元主体参与跨城市、跨区域的合作行动，同时，建立考核评级的标准化体系，确保项目合作的质量和效果，为了加强政策对接和资源调配，可以派驻政府代表，负责协调相关工作。发挥领导作用，强化公众对韧性治理方式的认同，通过加强宣传和教育，促进各主体达成共识，构建复杂关系网络，加强主体间相互联系，提升整个系统的韧性和适应能力，以更好地应对外部冲击和挑战。

第四节　本章小结

本章通过分析创新政策对新区创新生态系统韧性的影响，提出了新区创新生态系统韧性的治理策略。首先，通过对历史政策文件和新区发展报告的系统梳理，分析创新政策与新区创新生态系统韧性间关系，明确了创新政策在提升新区创新生态系统韧性中的重要作用；其次，通过阐述新区创新生态系统韧性的政策分析过程，采用定量和定性相结合的方法，分析评估了不同创新政策的内容及对其对系统韧性的影响效果；最后，通过对比分析不同创新政策对新区创新生态系统韧性的影响效果，针对性提出了有效提升新区创新生态系统韧性的政策建议，为新区的可持续发展和创新能力的增强提供指导。

第九章 研究结论与展望

第一节 主要研究结论

立足"黑天鹅"事件、"灰犀牛"事件频发的新时代特征,本书面向重大突发事件冲击,对新区创新生态系统韧性的监测预警体系与治理策略开展科学、系统的探究,试图明晰以下问题:

第一,从"事前影响"角度,遵循区域创新生态系统演化规律并立足现实场景、历史经验等,明晰重大突发事件对新区创新生态系统演化过程产生哪些新变化、应如何应变。

第二,从"事中处理"角度,以量化精准治理为目标,构建考虑重大突发事件影响的新区创新生态系统韧性监测体系,识别新区创新生态系统脆弱性的关键环节,并为提出快速消除重大突发事件潜在不良影响的治理策略提供量化抓手。

第三,从"事后防御"角度,基于量化监测结果和趋势预测,为预防后续重大突发事件影响新区创新生态系统提供政策储备和经验基础。

为回答以上问题,本书参考韧性研究固有逻辑"识别系统韧性特征和脆弱源→设计韧性监测预警体系→针对性设置韧性改进策略",采用案例分析法、文献分析法、定量分析法和大数据分析方法,开展了以下研究:首先,面向重大突发事件,解析新区创新生态系统演化运行变化;其次,考虑重大突发事件,剖析新区创新生态系统韧性特征;再次,设计重大突发事件冲击下新区创新生态系统韧性监测预警体系;最后，面向重大突发事件冲击，构建新区创新生态系统韧性治理策略。得出了以下结论：

第一，解析了新区创新生态系统演化运行变化。通过详细分析新区创新生态系统的主体及其作用，得出了重大突发事件冲击下系统的演化规律及其影响因素。通过深入分析新区创新生态系统的脆弱性，从经济、技术、管理等多个维度进行全面评估，识别了导致系统失衡的关键因素。通过对新区内部结构、外部环境、政策导向等多方面因素的分析，揭示了影响新区创新生态系统稳定性的核心问题，制定了新区创新生态系统脆弱性防范策略。

第二，识别了新区创新生态系统韧性特征。从演进韧性的视角出发，提出了新区创新生态系统应具备对外部冲击的吸纳、同化、培育和再造等能力，并识别了影响新区创新生态系统韧性的关键因素。选取浦东新区、两江新区、江北新区和雄安新区四个代表性案例新区，运用扎根理论方法和内容分析法，明晰了新区创新生态系统韧性的内涵特征和表现形式。探讨了韧性特征与新区创新生态系统演化间的作用和影响机制，明确了四个新区的五维度韧性特征。

第三，设计了新区创新生态系统韧性监测预警体系。基于新区创新生态系统韧性的五个关键维度，构建了全面的新区创新生态系统韧性监测指标体系。确定了系统韧性各维度的测算模型，测算了新区创新生态系统韧性值及各维度监测值。采用综合预警方法，构建了新区创新生态系统的韧性预警模型。运用三分法对系统韧性各维度及其预警阈值进行测算，并对新区创新生态系统的整体韧性进行评估，分析了不同新区各维度的风险状况。

第四，提出了新区创新生态系统韧性治理策略。采用 BP 神经网络方法，明确了新区系统韧性预测模型的神经网络结构，构建了新区创新生态系统韧性及各维度的预测模型。基于浦东新区、两江新区和江北新区韧性值及各维度测算结果，预测分析了新区创新生态系统韧性及各维度预警状态和风险水平。通过分析历史政策文件和新区发展报告，明确了创新政策在提升新区创新生态系统韧性中的关键作用，提出了新区创新生态系统韧性提升的政策建议。

第二节 研究不足与展望

虽然本书取得了一系列研究成果,其研究价值与实践意义在各章节也得到了充分讨论,但仍存在以下缺陷有待未来进一步探索:

首先,受制于新区数据的可获得性,本书所构建的监测预警体系,部分采用新区母城数据作为替代变量进行测算,在测量精度上仍存在一定的局限。

其次,受制于所选用研究方法的限制,一方面部分新区(诸如长春新区、赣江新区等)并未开展深入讨论;另一方面也因一手数据的缺乏使对新区创新生态系统韧性的变动趋势、演进路径等缺乏精确刻画。

最后,受制于研究焦点放置于新区创新生态系统韧性之上,并未对新区创新生态系统韧性的结果进行深入讨论,缺乏新区创新生态系统韧性波动对区域、产业及企业等不同维度高质量发展的影响效应及作用机制的研究。

综上所述,未来研究可立足本书不足之处进一步推动新区、创新生态系统、韧性等研究理论的发展与交叉融合。

参考文献

一 中文文献

包宇航、于丽英：《创新生态系统视角下企业创新能力的提升研究》，《科技管理研究》2017年第6期。

蔡建明、郭华、汪德根：《国外弹性城市研究述评》，《地理科学进展》2012年第10期。

曹清峰：《国家级新区对区域经济增长的带动效应——基于70大中城市的经验证据》，《中国工业经济》2020年第7期。

曾冰：《新冠肺炎疫情冲击下中国省域经济韧性发展评价》，《工业技术经济》2021年第7期。

曾冰、张艳：《区域经济韧性概念内涵及其研究进展评述》，《经济问题探索》2018年第1期。

曾昭法、游悦：《基于神经网络分位数回归的金融风险预警》，《统计与决策》2020年第14期。

查成伟等：《区域人才聚集预警模型研究——以江苏省为例》，《科技进步与对策》2014年第16期。

苌千里：《基于生态位适宜度理论的区域创新系统评价研究》，《经济研究导刊》2012年第13期。

常哲仁、韩峰、钟李隽仁：《创新试点政策能够提高城市经济韧性吗？——来自准自然实验的证据》，《经济问题》2023年第4期。

陈昌盛等：《"十四五"时期我国发展内外部环境研究》，《管理世界》2020年第10期。

陈光、钟方媛、周贤永：《创新政策如何促进区域创新能力提升——基于 25 个省份的 fsQCA 分析（2012—2016）》，《中国高校科技》2022 年第 12 期。

陈梦远：《国际区域经济韧性研究进展——基于演化论的理论分析框架介绍》，《地理科学进展》2017 年第 11 期。

陈文博、张璐洋：《卫星导航产业政策与创新生态系统构建研究》，《中国工程科学》2023 年第 2 期。

陈晓红、娄金男、王颖：《哈长城市群城市韧性的时空格局演变及动态模拟研究》，《地理科学》2020 年第 12 期。

陈彦桦：《创新政策对服务业企业绩效的影响机制：以产品与服务创新能力为中介》，《科研管理》2023 年第 2 期。

陈邑早、黄诗华、王圣媛：《我国区域创新生态系统运行效率：基于创新价值链视角》，《科研管理》2022 年第 7 期。

陈珍珍、何宇、徐长生：《国家级新区对经济发展的提升效应——基于 293 个城市的多期双重差分检验》，《城市问题》2021 年第 3 期。

程聪、贾良定：《我国企业跨国并购驱动机制研究——基于清晰集的定性比较分析》，《南开管理评论》2016 年第 6 期。

程翔等：《民营经济韧性的评价体系构建与应用》，《北京联合大学学报》（人文社会科学版）2020 年第 3 期。

储节旺、李振延：《长三角一体化区域创新生态系统及其知识协同机制研究》，《现代情报》2023 年第 5 期。

崔鹏：《面向突发公共事件网络舆情的政府应对能力研究》，博士学位论文，中央财经大学，2016 年。

党红艳：《重大疫情中旅游危机的演化机理及应对策略》，《宏观经济管理》2020 年第 5 期。

邓晰隆、郝晓薇：《国家级新区的形成与发展逻辑探究——基于其市场属性和行政属性的分析》，《财经问题研究》2022 年第 7 期。

邓晰隆、叶宝忠、易加斌：《国家级新区科技进步能力培育的政企合作影响因素研究——基于 18 个国家级新区的经验证据》，《科学管理研究》2020 年第 2 期。

杜运周、贾良定：《组态视角与定性比较分析（QCA）：管理学研究的一条新道路》，《管理世界》2017 年第 6 期。

杜运周等：《复杂动态视角下的组态理论与QCA方法：研究进展与未来方向》，《管理世界》2021年第3期。

范德成、谷晓梅：《高技术产业技术创新生态系统健康性评价及关键影响因素分析——基于改进熵值-DEMATEL-ISM组合方法的实证研究》，《运筹与管理》2021年第7期。

冯烽：《产城融合与国家级新区高质量发展：机理诠释与推进策略》，《经济学家》2021年第9期。

顾桂芳、胡恩华：《企业创新生态系统多阶段健康度评价研究》，《中国科技论坛》2020年第7期。

关皓明等：《基于演化弹性理论的中国老工业城市经济转型过程比较》，《地理学报》2018年第4期。

郭爱君、范巧：《南北经济协调视角下国家级新区的北—南协同发展研究》，《贵州社会科学》2019年第2期。

郭雯、陶凯、李振国：《政策组合对领先市场形成的影响分析——以新能源汽车产业为例》，《科研管理》2018年第12期。

郭亚军、姚远、易平涛：《一种动态综合评价方法及应用》，《系统工程理论与实践》2007年第10期。

郭燕青、姚远、徐菁鸿：《基于生态位适宜度的创新生态系统评价模型》，《统计与决策》2015年第15期。

郭志仪、魏巍、范巧：《国家级新区对省域全要素生产率变迁的影响效应研究——基于动态通用嵌套空间计量模型的分析》，《经济问题探索》2020年第1期。

郝成元、吴绍洪、李双成：《排列熵应用于气候复杂性度量》，《地理研究》2007年第1期。

郝向举、薛琳：《产学研协同创新绩效测度现状及方法改进》，《科技管理研究》2018年第11期。

何定、唐国庆、陈珩：《神经网络在电力系统运行与控制中的应用》，《电力系统自动化》1992年第4期。

侯旭华：《基于模糊综合评价法的互联网保险公司财务风险预警研究》，《湖南社会科学》2019年第4期。

胡宁宁、侯冠宇：《区域创新生态系统如何驱动高技术产业创新绩效——基于30个省份案例的NCA与fsQCA分析》,《科技进步与对策》2023年第10期。

胡霄等:《河北省县域乡村韧性测度及时空演变》,《地理与地理信息科学》2021年第3期。

胡晓辉、张文忠:《制度演化与区域经济弹性——两个资源枯竭型城市的比较》,《地理研究》2018年第7期。

胡哲力:《国家级高新区对高新技术产业发展的影响研究》,硕士学位论文,华侨大学,2020年。

胡振、龚薛、刘华:《基于BP模型的西部城市家庭消费碳排放预测研究——以西安市为例》,《干旱区资源与环境》2020年第7期。

胡中韬:《区域创新生态系统的演化动力机制及健康度评价研究》,硕士学位论文,河北工业大学,2017年。

黄晶等:《基于系统动力学的城市洪涝韧性仿真研究——以南京市为例》,《长江流域资源与环境》2020年第11期。

黄鲁成:《区域技术创新生态系统的特征》,《中国科技论坛》2003年第1期。

黄鲁成:《区域技术创新系统研究:生态学的思考》,《科学学研究》2003年第2期。

黄鲁成:《区域技术创新生态系统的稳定机制》,《研究与发展管理》2003年第4期。

黄鲁成、张淑谦、王吉武:《管理新视角——高新区健康评价研究的生态学分析》,《科学学与科学技术管理》2007年第3期。

黄敏超、张育林、冯心:《基于人工噪声神经网络BP算法的火箭发动机故障仿真与检测》,《推进技术》1994年第2期。

黄强、吴建军:《基于云—神经网络的液体火箭发动机故障检测方法》,《国防科技大学学报》2010年第1期。

黄亚江、李书全、项思思:《基于AHP-PSO模糊组合赋权法的地铁火灾安全韧性评估》,《灾害学》2021年第3期。

姜庆国:《中国创新生态系统的构建及评价研究》,《经济经纬》2018年第4期。

蒋培玉、沈斐敏、凌丽芸:《城市隧道机电系统模糊综合安全评价》,《安全与环境工程》2011 年第 2 期。

寇明婷、李秋景、杨媛棋:《创新激励政策对企业基础研究产出的影响——来自中关村企业的微观证据》,《科学学与科学技术管理》2022 年第 9 期。

来雪晴:《长江经济带区域创新生态位适宜度研究》,硕士学位论文,西南大学,2020 年。

李福、曾国屏:《创新生态系统的健康内涵及其评估分析》,《软科学》2015 年第 9 期。

李刚等:《基尼系数客观赋权方法研究》,《管理评论》2014 年第 1 期。

李葛等:《基于 PSR 层次分析模型—BP 神经网络的城市安全评价》,《灾害学》2020 年第 3 期。

李广建、杨林:《大数据视角下的情报研究与情报研究技术》,《图书与情报》2012 年第 6 期。

李健、张金林:《供应链金融的信用风险识别及预警模型研究》,《经济管理》2019 年第 8 期。

李江苏、梁燕、王晓蕊:《基于 POI 数据的郑东新区服务业空间聚类研究》,《地理研究》2018 年第 1 期。

李连刚等:《韧性概念演变与区域经济韧性研究进展》,《人文地理》2019 年第 2 期。

李萍等:《基于 MATLAB 的 BP 神经网络预测系统的设计》,《计算机应用与软件》2008 年第 4 期。

李绥等:《基于遥感监测的城市生态安全与空间格局优化——以沈阳市为例》,《安全与环境工程》2016 年第 6 期。

李彤玥:《韧性城市研究新进展》,《国际城市规划》2017 年第 5 期。

李彤玥、牛品一、顾朝林:《弹性城市研究框架综述》,《城市规划学刊》2014 年第 5 期。

李晓娣、饶美仙、原媛:《数智情境下如何提升区域创新生态系统能级?》,《科学学研究》2024 年第 9 期。

李亚、翟国方:《我国城市灾害韧性评估及其提升策略研究》,《规划师》2017 年第 8 期。

李燕萍等：《改革开放以来我国科研经费管理政策的变迁、评介与走向——基于政策文本的内容分析》，《科学学研究》2009 年第 10 期。

廉玉金：《辽宁省区域创新体系创新绩效评价及提升对策研究》，硕士学位论文，东北大学，2015 年。

梁林、赵玉帛、刘兵：《国家级新区创新生态系统韧性监测与预警研究》，《中国软科学》2020 年第 7 期。

梁小英、商舒涵、徐婧仪：《基于 BP 神经网络的区域生态安全模拟研究》，《西北大学学报》（自然科学版）2020 年第 4 期。

廖凯诚、张玉臣、杜千卉：《中国区域创新生态系统动态运行效率的区域差异分解及形成机制研究》，《科学学与科学技术管理》2022 年第 12 期。

林江豪、阳爱民：《基于 BP 神经网络和 VSM 的台风灾害经济损失评估》，《灾害学》2019 年第 1 期。

刘兵等：《区域创新生态系统与人才配置协同演化路径研究——以京津冀地区为例》，《科技管理研究》2019 年第 10 期。

刘钒、张君宇、邓明亮：《基于改进生态位适宜度模型的区域创新生态系统健康评价研究》，《科技管理研究》2019 年第 16 期。

刘含琪、唐世凯：《云南省创新生态系统韧性测度与路径提升》，《科学与管理》2023 年第 6 期。

刘洪久、胡彦蓉、马卫民：《区域创新生态系统适宜度与经济发展的关系研究》，《中国管理科学》2013 年第 S2 期。

刘帅：《新冠肺炎疫情对中国区域经济的影响》，《地理研究》2021 年第 2 期。

刘微微、石春生、赵圣斌：《具有速度特征的动态综合评价模型》，《系统工程理论与实践》2013 年第 3 期。

刘晓星、张旭、李守伟：《中国宏观经济韧性测度——基于系统性风险的视角》，《中国社会科学》2021 年第 1 期。

刘学理、王兴元：《高科技品牌生态系统的技术创新风险评价》，《科技进步与对策》2011 年第 8 期。

刘洋：《增强国家级新区资源承载力的建议》，《宏观经济管理》

2018年第12期。

刘志峰：《区域创新生态系统的结构模式与功能机制研究》，《科技管理研究》2010年第21期。

刘志华、李林、姜郁文：《我国区域科技协同创新绩效评价模型及实证研究》，《管理学报》2014年第6期。

柳天恩、田学斌、曹洋：《国家级新区影响地区经济发展的政策效果评估——基于双重差分法的实证研究》，《财贸研究》2019年第6期。

鲁飞宇、殷为华、刘楠楠：《长三角城市群工业韧性的时空演变及影响因素研究》，《世界地理研究》2021年第3期。

罗锋、杨丹丹、梁新怡：《区域创新政策如何影响企业创新绩效？——基于珠三角地区的实证分析》，《科学学与科学技术管理》2022年第2期。

马海韵：《国家级新区全民共建共享社会治理创新研究——以南京江北新区为例》，博士学位论文，苏州大学，2017年。

马文聪、叶阳平、陈修德：《创新政策组合：研究述评与未来展望》，《科技进步与对策》2020年第15期。

苗红、黄鲁成：《区域技术创新生态系统健康评价研究》，《科技进步与对策》2008年第8期。

缪惠全等：《基于灾后恢复过程解析的城市韧性评价体系》，《自然灾害学报》2021年第1期。

裴吉鹏、于潇：《重大突发公共事件对我国经济发展影响的研究评述》，《统计与决策》2021年第2期。

彭翀等：《区域弹性的理论与实践研究进展》，《城市规划学刊》2015年第1期。

彭永涛、侯彦超：《区域创新能力提升条件组态路径研究——基于中国内地29个省市的QCA分析》，《科技进步与对策》2020年第23期。

齐昕、张景帅、徐维祥：《浙江省县域经济韧性发展评价研究》，《浙江社会科学》2019年第5期。

卿立新：《突发公共事件网络舆论及其应对研究》，博士学位论文，湖南师范大学，2013年。

邱均平、余以胜、邹菲：《内容分析法的应用研究》，《情报杂志》2005年第8期。

邱均平、邹菲：《关于内容分析法的研究》，《中国图书馆学报》2004年第2期。

任毅、东童童、邓世成：《产业结构趋同的动态演变、合意性与趋势预测——基于浦东新区与滨海新区的比较分析》，《财经科学》2018年第12期。

邵亦文、徐江：《城市韧性：基于国际文献综述的概念解析》，《国际城市规划》2015年第2期。

沈花玉等：《BP神经网络隐含层单元数的确定》，《天津理工大学学报》2008年第5期。

孙才志、郭可蒙、邹玮：《中国区域海洋经济与海洋科技之间的协同与响应关系研究》，《资源科学》2017年第11期。

孙才志、孟程程：《中国区域水资源系统韧性与效率的发展协调关系评价》，《地理科学》2020年第12期。

孙海波、王丽敏、韩旭明：《引入趋势因子的BP模型在股市预测中应用》，《统计与决策》2015年第19期。

孙久文：《新冠肺炎疫情对中国区域经济发展的影响初探》，《区域经济评论》2020年第2期。

孙久文、孙翔宇：《区域经济韧性研究进展和在中国应用的探索》，《经济地理》2017年第10期。

孙丽文、李跃：《京津冀区域创新生态系统生态位适宜度评价》，《科技进步与对策》2017年第4期。

孙亚南、尤晓彤：《城市韧性的水平测度及其时空演化规律——以江苏省为例》，《南京社会科学》2021年第7期。

孙阳、张落成、姚士谋：《基于社会生态系统视角的长三角地级城市韧性度评价》，《中国人口·资源与环境》2017年第8期。

覃荔荔、王道平、周超：《综合生态位适宜度在区域创新系统可持续性评价中的应用》，《系统工程理论与实践》2011年第5期。

汤临佳、郑伟伟、池仁勇：《智能制造创新生态系统的功能评价体系及治理机制》，《科研管理》2019年第7期。

陶克涛、张术丹、赵云辉：《什么决定了政府公共卫生治理绩效？——基于QCA方法的联动效应研究》，《管理世界》2021年第5期。

田光辉等：《区域经济韧性研究进展：概念内涵、测度方法及影响因素》，《人文地理》2023年第5期。

万立军等：《资源型城市技术创新生态系统评价研究》，《科学管理研究》2016年第3期。

汪阳洁、唐湘博、陈晓红：《新冠肺炎疫情下我国数字经济产业发展机遇及应对策略》，《科研管理》2020年第6期。

王超、骆克任：《基于网络舆情的旅游包容性发展研究——以湖南凤凰古城门票事件为例》，《经济地理》2014年第1期。

王春鹏：《基于BP神经网络的景区游客流量智能预测方法》，《现代电子技术》2021年第16期。

王光辉、王雅琦：《基于风险矩阵的中国城市韧性评价——以284个城市为例》，《贵州社会科学》2021年第1期。

王海军等：《数字化下区域创新生态系统的组织与机制演进——基于中关村科技园区的纵向案例研究》，《科技进步与对策》2024年第17期。

王倩等：《中国旅游经济系统韧性的时空变化特征与影响因素分析》，《地理与地理信息科学》2020年第6期。

王仁文：《基于绿色经济的区域创新生态系统研究》，博士学位论文，中国科学技术大学，2014年。

王卫、周雨晴：《研发政策、要素市场扭曲与区域创新效率》，《科技管理研究》2023年第3期。

王璇、邹艳丽：《国家级新区尺度政治建构的内在逻辑解析》，《国际城市规划》2021年第2期。

王寅等：《如何实现区域创新生态系统高水平双元创新？——基于战略三角的组态分析》，《外国经济与管理》2024年第2期。

王玉冬、王迪、王珊珊：《高新技术企业创新资金配置风险预警的FOA-SVM模型及实证》，《系统工程理论与实践》2018年第11期。

王钺：《"互联网+国家治理"破解突发性公共卫生事件的机理及其

思考——以新型冠状病毒肺炎疫情防控为例》,《情报理论与实践》2021年第2期。

王展昭、唐朝阳:《基于全局熵值法的区域创新系统绩效动态评价研究》,《技术经济》2020年第3期。

Wong F. S. 等:《震害预测的神经网络法》,《世界地震工程》1994年第1期。

吴冲、刘佳明、郭志达:《基于改进粒子群算法的模糊聚类—概率神经网络模型的企业财务危机预警模型研究》,《运筹与管理》2018年第2期。

吴雷:《基于DEA方法的企业生态技术创新绩效评价研究》,《科技进步与对策》2009年第18期。

吴腾、刘俊先:《基于功能网络密度的指挥信息系统结构复杂性度量模型及方法》,第三届体系工程学术会议——复杂系统与体系工程管理,中国广东珠海,2021年4月。

武翠、谭清美:《基于生态位适宜度的区域创新生态系统与产业协同集聚研究》,《科技管理研究》2021年第3期。

肖菲等:《国家级新区空间生产研究——以南京江北新区为例》,《现代城市研究》2019年第1期。

谢果、李凯、叶龙涛:《国家级新区的设立与区域创新能力——来自70个大中城市面板数据的实证研究》,《华东经济管理》2021年第10期。

徐冬玲、方建安、邵世煌:《交通系统的模糊控制及其神经网络实现》,《信息与控制》1992年第2期。

徐宪平、鞠雪楠:《互联网时代的危机管理:演变趋势、模型构建与基本规则》,《管理世界》2019年第12期。

徐喆、李春艳:《我国科技政策组合特征及其对产业创新的影响研究》,《科学学研究》2017年第1期。

许晶荣、徐敏、张阳:《"世界水谷"协同创新生态系统构建及其评价》,《水利经济》2016年第1期。

许振宇等:《基于知识图谱的国内外韧性城市研究热点及趋势分析》,《人文地理》2021年第2期。

闫春、程悦、孙晓红：《基于卷积神经网络和支持向量机的宏观经济监测预警模型及应用》，《统计与决策》2021 年第 14 期。

颜惠琴、牛万红、韩惠丽：《基于主成分分析构建指标权重的客观赋权法》，《济南大学学报》（自然科学版）2017 年第 6 期。

杨博旭、柳卸林、吉晓慧：《区域创新生态系统：知识基础与理论框架》，《科技进步与对策》2023 年第 13 期。

杨成、程晓玲、殷旅江：《基于人工神经网络方法的上市公司股价预测》，《统计与决策》2005 年第 24 期。

杨贵军、杜飞、贾晓磊：《基于首末位质量因子的 BP 神经网络财务风险预警模型》，《统计与决策》2022 年第 3 期。

杨慧谦：《城市突发公共安全事件协同治理模式研究》，硕士学位论文，燕山大学，2019 年。

杨力、刘敦虎、魏奇锋：《共生理论下区域创新生态系统能级提升研究》，《科学学研究》2023 年第 10 期。

杨龙：《作为国家治理基本手段的虚体性治理单元》，《学术研究》2021 年第 8 期。

杨伟等：《区域数字创新生态系统韧性的治理利基组态》，《科学学研究》2022 年第 3 期。

杨伟、刘健、武健：《"种群—流量"组态对核心企业绩效的影响——人工智能数字创新生态系统的实证研究》，《科学学研究》2020 年第 11 期。

杨晓帆、陈廷槐：《人工神经网络固有的优点和缺点》，《计算机科学》1994 年第 2 期。

杨秀平等：《城市旅游环境系统韧性的系统动力学研究——以兰州市为例》，《旅游科学》2020 年第 2 期。

杨玉桢、李姗：《基于因子分析的产学研协同创新绩效评价研究》，《数学的实践与认识》2019 年第 3 期。

杨子晖、陈雨恬、张平淼：《重大突发公共事件下的宏观经济冲击、金融风险传导与治理应对》，《管理世界》2020 年第 5 期。

姚艳虹、高晗、昝傲：《创新生态系统健康度评价指标体系及应用研究》，《科学学研究》2019 年第 10 期。

姚远等：《基于Vague集的创新生态系统生态位适宜度评价模型研究》，《数学的实践与认识》2016年第3期。

叶姮等：《国家级新区功能定位及发展建议——基于GRNN潜力评价方法》，《经济地理》2015年第2期。

余华义、谭君琳、崔丽媛：《国家级新区对房价的影响机制及其空间溢出效应》，《中国软科学》2023年第1期。

袁潮清、刘思峰：《区域创新体系成熟度及其对创新投入产出效率的影响——基于我国31个省份的研究》，《中国软科学》2013年第3期。

詹志华、王豪儒：《论区域创新生态系统生成的前提条件与动力机制》，《自然辩证法研究》2018年第3期。

张峰等：《区域创新生态系统能否提高产业链韧性：来自黄河流域的时空非平稳性检验》，《科技进步与对策》2024年第16期。

张贵、程林林、郎玮：《基于突变算法的高技术产业创新生态系统健康性实证研究》，《科技管理研究》2018年第3期。

张继权等：《基于格网GIS与最优分割法的呼伦贝尔草原火灾风险预警阈值研究》，《系统工程理论与实践》2013年第3期。

张锦程、方卫华：《政策变迁视角下创新生态系统演化研究——以新能源汽车产业为例》，《科技管理研究》2022年第11期。

张利飞：《高科技企业创新生态系统运行机制研究》，《中国科技论坛》2009年第4期。

张明、陈伟宏、蓝海林：《中国企业"凭什么"完全并购境外高新技术企业——基于94个案例的模糊集定性比较分析（fsQCA）》，《中国工业经济》2019年第4期。

张明斗、冯晓青：《中国城市韧性度综合评价》，《城市问题》2018年第10期。

张娜、李志兰、牛全保：《突发公共事件情境下组织敏捷性形成机理研究》，《经济管理》2021年第3期。

张品一、梁锶：《基于ADGA-BP神经网络模型的金融产业发展趋势仿真与预测》，《管理评论》2019年第12期。

张平淡、袁浩铭：《国家级新区设立的效用分析》，《经济地理》

2018 年第 12 期。

张奇、胡蓝艺、王珏：《基于 Logit 与 SVM 的银行业信用风险预警模型研究》，《系统工程理论与实践》2015 年第 7 期。

张清敏：《新冠疫情考验全球公共卫生治理》，《东北亚论坛》2020 年第 4 期。

张小燕、李晓娣：《我国区域创新生态系统共生性分类评价》，《科技进步与对策》2020 年第 12 期。

张晓宁、金桢栋：《产业优化、效率变革与国家级新区发展的新动能培育》，《改革》2018 年第 2 期。

张秀艳、白雯、郑雪：《我国区域经济韧性的关联识别与演化特征分析》，《吉林大学社会科学学报》2021 年第 1 期。

张艳丰等：《基于语义隶属度模糊推理的网络舆情监测预警实证研究》，《情报理论与实践》2017 年第 9 期。

张永安、郄海拓、颜斌斌：《基于两阶段 DEA 模型的区域创新投入产出评价及科技创新政策绩效提升路径研究——基于科技创新政策情报的分析》，《情报杂志》2018 年第 1 期。

张永欢等：《京津冀城市韧性动态预测及时空演进研究》，《管理现代化》2021 年第 5 期。

赵晨、周锦来、高中华：《突发公共事件风险感知对员工复工的双重影响》，《管理科学》2021 年第 3 期。

赵丹丹等：《农业可持续发展能力评价与子系统协调度分析——以我国粮食主产区为例》，《经济地理》2018 年第 4 期。

赵军锋：《重大突发公共事件的政府协调治理研究》，博士学位论文，苏州大学，2014 年。

赵瑞东、方创琳、刘海猛：《城市韧性研究进展与展望》，《地理科学进展》2020 年第 10 期。

赵晓军、王开元、何洋：《突发公共事件、产业网络与宏观经济风险》，《上海金融》2021 年第 10 期。

赵炎、武晨：《基于耗散结构的区域创新系统绩效评价研究》，《科研管理》2018 年第 S1 期。

赵玉帛、张贵：《我国国家级新区产业创新效率研究及对雄安的启示》,《科技管理研究》2020 年第 24 期。

赵志耘、杨朝峰:《大数据:国家竞争的前沿》,《党政论坛(干部文摘)》2014 年第 1 期。

甄美荣、江晓壮、杨晶照:《国家级高新区创新生态系统适宜度与经济绩效测度》,《统计与决策》2020 年第 13 期。

郑庆、丁国富:《群智协同设计活动复杂性的度量模型及方法》,《西南交通大学学报》2021 年第 5 期。

郑万吉、冯凯:《天津滨海新区经济增长的空间辐射效应》,《地域研究与开发》2020 年第 6 期。

周霞等:《高质量发展导向下国家级新区空间优化——基于双效评价与四分图分析》,《城市发展研究》2021 年第 6 期。

周远:《资本市场系统性风险预警模式的构建——基于 BP 神经网络算法的数据检验》,《金融与经济》2014 年第 1 期。

邹甘娜、袁一杰、许启凡:《环境成本、财政补贴与企业绿色创新》,《中国软科学》2023 年第 2 期。

邹晓东、王凯:《区域创新生态系统情境下的产学知识协同创新:现实问题、理论背景与研究议题》,《浙江大学学报》(人文社会科学版)2016 年第 6 期。

二 英文文献

Andersson, M. and Karlsson, C., "Regional Innovation Systems in Small & Medium-Sized Regions", in Johansson, B., Karlsson, C. and Stough, R. R. eds., *The Emerging Digital Economy: Entrepreneurship, Clusters and Policy*, Berlin: Springer-Verlag, 2006, pp. 55-81.

Asheim Bjørn T. and Coenen Lars, "Contextualising Regional Innovation Systems in a Globalising Learning Economy: On Knowledge Bases and Institutional Frameworks", *The Journal of Technology Transfer*, Vol. 31, 2006, pp. 163-173.

Asheim Björn T., Grillitsch Markus and Trippl Michaela, "Regional Innovation Systems: Past-Present-Future", *Handbook on the Geographies of Innovation*, Vol. 36, 2016, pp. 45-62.

Asheim Bjørn T., Isaksen Arne and Trippl Michaela, "The Role of the

Regional Innovation System Approach in Contemporary Regional Policy: Is It Still Relevant in a Globalised World?", *Regions and Innovation Policies in Europe*, Vol. 12, 2020, pp. 12-29.

Asheim Bjorn T. , Smith Helen Lawton and Oughton Christine, "Regional Innovation Systems: Theory, Empirics and Policy", *Regional studies*, Vol. 45, No. 7, 2011, pp. 875-891.

Aslesen Heidi Wiig, Isaksen Arne and Karlsen James, "Modes of Innovation and Differentiated Responses to Globalisation—A Case Study of Innovation Modes in the Agder Region, Norway", *Journal of the Knowledge Economy*, Vol. 3, 2012, pp. 389-405.

Autio Erkko, "Evaluation of RTD in Regional Systems of Innovation", *European Planning Studies*, Vol. 6, No. 2, 1998, pp. 131-140.

Babbie Earl R. , *The Practice of Social Research*, Cengage AU, 2020.

Baisheng Cui and Lin Zhu, "Can Government Subsidies Promote Innovation Effectively? An Analysis of DSGE Model Based on the Perspective of Innovation System", *Management Review*, Vol. 31, No. 11, 2019, pp. 80-95.

Bennett Nathan and Lemoine G. James, "What a Difference a Word Makes: Understanding Threats to Performance in a VUCA World", *Business Horizons*, Vol. 57, No. 3, 2014, pp. 311-317.

Borri Claudio, Guberti Elisa and Maffioli Francesco, "Innovation, Quality and Networking in Engineering Education in Europe: The Contribution of Socrates Thematic Networks", *Journal of JSEE*, Vol. 55, No. 6, 2007, pp. 6-37.

Braczyk Hans-Joachim, Cooke Philip and Heidenreich Martin, *Regional Innovation Systems: The Role of Governances in a Globalized World*, Routledge, 2003, p. 36.

Bristow Gillian and Healy Adrian, "Innovation and Regional Economic Resilience: An Exploratory Analysis", *The Annals of Regional Science*, Vol. 60, No. 2, 2018, pp. 265-284.

Buesa Mikel, et al. , "Regional Systems of Innovation and the Knowledge Production Function: The Spanish Case", *Technovation*, Vol. 26, No. 4, 2006, pp. 463-472.

Clarysse Bart, et al., "Creating Value in Ecosystems: Crossing the Chasm between Knowledge and Business Ecosystems", *Research Policy*, Vol. 43, No. 7, 2014, pp. 1164-1176.

Cooke Philip, "Regional Innovation Systems: Competitive Regulation in the New Europe", *Geoforum*, Vol. 23, No. 3, 1992, pp. 365-382.

Cooke Philip, Uranga Mikel Gomez and Etxebarria Goio, "Regional Innovation Systems: Institutional and Organisational Dimensions", *Research Policy*, Vol. 26, No. 4-5, 1997, pp. 475-491.

Cooke, Philip. "Regional Innovation Systems: Origin of the Species", *International Journal of Technological Learning, Innovation and Development*, Vol. 1, 2008, pp. 393-409.

Cutter Susan L., Ash Kevin D. and Emrich Christopher T., "The Geographies of Community Disaster Resilience", *Global Environmental Change*, Vol. 29, 2014, pp. 65-77.

D'Agostino Giorgio and Scarlato Margherita, "Innovation, Socio-Institutional Conditions and Economic Growth in the Italian Regions", *Regional Studies*, Vol. 49, No. 9, 2015, pp. 1514-1534.

D'Allura Giorgia, Galvagno Marco and Mocciaro Li Destri Arabella, "Regional Innovation Systems: A Literature Review", *Business Systems Review*, Vol. 1, No. 1, 2012, pp. 139-156.

Davis Jason P., "The Group Dynamics of Interorganizational Relationships: Collaborating with Multiple Partners in Innovation Ecosystems", *Administrative Science Quarterly*, Vol. 61, No. 4, 2016, pp. 621-661.

Ellison Glenn, Glaeser Edward L. and Kerr William R., "What Causes Industry Agglomeration? Evidence from Coagglomeration Patterns", *American Economic Review*, Vol. 100, No. 3, 2010, pp. 1195-1213.

Faggian Alessandra, et al., "Regional Economic Resilience: The Experience of the Italian Local Labor Systems", *The Annals of Regional Science*, Vol. 60, 2018, pp. 393-410.

Fernandes Cristina, et al., "Regional Innovation Systems: What can We Learn from 25 Years of Scientific Achievements?", *Regional Studies*, Vol. 55, No. 3, 2021, pp. 377-389.

Fingleton Bernard, Garretsen Harry and Martin Ron, "Recessionary Shocks and Regional Employment: Evidence on the Resilience of UK Regions", *Journal of Regional Science*, Vol. 52, No. 1, 2012, pp. 109-133.

Folke Carl, "Resilience: The Emergence of a Perspective for Social-Ecological Systems Analyses", *Global Environmental Change*, Vol. 16, No. 3, 2006, pp. 253-267.

Freeman Chris, "The 'National System of Innovation' in Historical Perspective", *Cambridge Journal of Economics*, Vol. 19, No. 1, 1995, pp. 5-24.

Fritsch Michael, "Measuring the Quality of Regional Innovation Systems: A Knowledge Production Function Approach", *International Regional Science Review*, Vol. 25, No. 1, 2002, pp. 86-101.

Granstrand Ove and Holgersson Marcus, "Innovation Ecosystems: A Conceptual Review and a New Definition", *Technovation*, Vol. 90, 2020, pp. 1-12.

Groth Olaf J., Esposito Mark and Tse Terence, "What Europe Needs is an Innovation-Driven Entrepreneurship Ecosystem: Introducing EDIE", *Thunderbird International Business Review*, Vol. 57, No. 4, 2015, pp. 263-269.

Hassink Robert, "Regional Resilience: A Promising Concept to Explain Differences in Regional Economic Adaptability?", *Cambridge Journal of Regions, Economy and Society*, Vol. 3, No. 1, 2010, pp. 45-58.

Holling Crawford S., "Resilience and Stability of Ecological Systems", *Annual Review of Ecology and Systematics*, Vol. 4, No. 1, 1973, pp. 1-23.

Hudson Ray, "Resilient Regions in an Uncertain World: Wishful Thinking or a Practical Reality?", *Cambridge Journal of Regions, Economy and Society*, Vol. 3, No. 1, 2010, pp. 11-25.

Huggins Robert and Thompson Piers, "Entrepreneurship, Innovation and Regional Growth: A Network Theory", *Small Business Economics*, Vol. 45, 2015, pp. 103-128.

Kivimaa Paula and Kern Florian, "Creative Destruction or Mere Niche Support? Innovation Policy Mixes for Sustainability Transitions", *Research Policy*, Vol. 45, No. 1, 2016, pp. 205-217.

Lagravinese Raffaele, "Economic Crisis and Rising Gaps North-South: Evidence from the Italian Regions", *Cambridge Journal of Regions, Economy and Society*, Vol. 8, No. 2, 2015, pp. 331-342.

Lau Antonio KW and Lo William, "Regional Innovation System, Absorptive Capacity and Innovation Performance: An Empirical Study", *Technological Forecasting and Social Change*, Vol. 92, 2015, pp. 99-114.

Li Yan-Ru, "The Technological Roadmap of Cisco's Business Ecosystem", *Technovation*, Vol. 29, No. 5, 2009, pp. 379-386.

Liu Ming, et al., "Research on the Influencing Factors of Innovation Ecosystem Resilience of High-Tech Enterprises", *Industrial Engineering and Innovation Management*, Vol. 5, No. 1, 2022, pp. 57-63.

Liu Shu-guang and Chen Cai, "Regional Innovation System: Theoretical Approach and Empirical Study of China", *Chinese Geographical Science*, Vol. 13, 2003, pp. 193-198.

Magro Edurne and Wilson James R., "Policy-Mix Evaluation: Governance Challenges from New Place-Based Innovation Policies", *Research Policy*, Vol. 48, No. 10, 2019, pp. 1-10.

Markose Sheri M., "Novelty in Complex Adaptive Systems Dynamics: A Computational Theory of Actor Innovation", *Physica A: Statistical Mechanics and Its Applications*, Vol. 344, No. 1-2, 2004, pp. 41-49.

Martin Ron, "Regional Economic Resilience, Hysteresis and Recessionary Shocks", *Journal of Economic Geography*, Vol. 12, No. 1, 2012, pp. 1-32.

Martin Ron and Sunley Peter, "Path Dependence and Regional Economic Evolution", *Journal of Economic Geography*, Vol. 6, No. 4, 2006, pp. 395-437.

Martin Ron and Sunley Peter, "Complexity Thinking and Evolutionary Economic Geography", *Journal of Economic Geography*, Vol. 7, No. 5, 2007, pp. 573-601.

Martin Ron and Sunley Peter, "Forms of Emergence and the Evolution of Economic Landscapes", *Journal of Economic Behavior & Organization*, Vol. 82, No. 2-3, 2012, pp. 338-351.

McCann Philip and Van Oort Frank, "Theories of Agglomeration and Regional Economic Growth: A Historical Review", *Handbook of Regional Growth and Development Theories*, 2019, pp. 6-23.

Nelson, Richard R, "Knowledge and Innovation Systems", *Knowledge Management in the Learning Society*, 2000, pp. 115-124.

Oh Deog-Seong, et al., "Innovation Ecosystems: A Critical Examination", *Technovation*, Vol. 54, 2016, pp. 1-6.

Oliva Stefania and Lazzeretti Luciana, "Measuring the Economic Resilience of Natural Disasters: An Analysis of Major Earthquakes in Japan", *City, Culture and Society*, Vol. 15, 2018, pp. 53-59.

Pavitt Keith, "National Systems of Innovation: Towards a Theory of Innovation and Interactive Learning", *Research Policy*, Vol. 24, No. 2, 1995, p. 320.

Piazza Mariangela, et al., "Network Position and Innovation Capability in the Regional Innovation Network", *European Planning Studies*, Vol. 27, No. 9, 2019, pp. 1857-1878.

Pino Ricardo M. and Ortega Ana María, "Regional Innovation Systems: Systematic Literature Review and Recommendations for Future Research", *Cogent Business & Management*, Vol. 5, No. 1, 2018, pp. 1-17.

Potter Antony and Watts H. Doug, "Evolutionary Agglomeration Theory: Increasing Returns, Diminishing Returns, and the Industry Life Cycle", *Journal of Economic Geography*, Vol. 11, No. 3, 2011, pp. 417-455.

Radosevic Slavo, "Regional Innovation Systems in Central and Eastern Europe: Determinants, Organizers and Alignments", *The Journal of Technology Transfer, Vol. 27, No. 1, 2002, pp. 87-96.

Ramezani Javaneh and Camarinha-Matos Luis M., "Approaches for Resilience and Antifragility in Collaborative Business Ecosystems", *Technological Forecasting and Social Change*, Vol. 151, 2020, pp. 1-26.

Ray Bhaswati and Shaw Rajib, "Changing Built Form and Implications on Urban Resilience: Loss of Climate Responsive and Socially Interactive Spaces", *Procedia Engineering*, Vol. 212, 2018, pp. 117-124.

Ronde Patrick and Hussler Caroline, "Innovation in Regions: What does Really Matter?", *Research Policy*, Vol. 34, No. 8, 2005, pp. 1150-1172.

Rothwell Roy and Zegveld Walter, "An Assessment of Government Innovation Policies", *Review of Policy Research*, Vol. 3, No. 3-4, 1984, pp. 436-444.

Sadabadi Ali Asghar, Rahimi Rad Zohreh and Fartash Kiarash, "Comprehensive Evaluation of Iranian Regional Innovation System (RIS) Performance Using Analytic Hierarchy Process (AHP)", *Journal of Science and Technology Policy Management*, Vol. 13, No. 2, 2022, pp. 304-328.

Schoonmaker Mary G. and Carayannis Elias G., "Assessing the Value of Regional Innovation Networks", *Journal of the Knowledge Economy*, Vol. 1, 2010, pp. 48-66.

Shen Neng and Peng Hui, "Can Industrial Agglomeration Achieve the Emission-Reduction Effect?", *Socio-Economic Planning Sciences*, Vol. 75, 2021, pp. 1-12.

Speldekamp Daniel, Knoben Joris and Saka-Helmhout Ayse, "Clusters and Firm-Level Innovation: A Configurational Analysis of Agglomeration, Network and Institutional Advantages in European Aerospace", *Research Policy*, Vol. 49, No. 3, 2020, pp. 1-13.

Stuck Jérôme, Broekel Tom and Revilla Diez Javier, "Network Structures in Regional Innovation Systems", *European Planning Studies*, Vol. 24, No. 3, 2016, pp. 423-442.

Suorsa Katri, "The Concept of 'Region' in Research on Regional Innovation Systems", *Norsk Geografisk Tidsskrift-Norwegian Journal of Geography*, Vol. 68, No. 4, 2014, pp. 207-215.

Szczygielski Krzysztof, et al., "Does Government Support for Private Innovation Matter? Firm-Level Evidence from Two Catching-Up Countries", *Research Policy*, Vol. 46, No. 1, 2017, pp. 219-237.

Tansley Arthur G., "The Use and Abuse of Vegetational Concepts and Terms", *Ecology*, Vol. 16, No. 3, 1935, pp. 284-307.

Tansley Arthur G., "British Ecology during the Past Quarter-Century: The Plant Community and the Ecosystem", *Journal of Ecology*, Vol. 27, No. 2, 1939, pp. 513-530.

Tesfatsion Leigh, "Agent-Based Computational Economics: Modeling Economies as Complex Adaptive Systems", *Information Sciences*, Vol. 149, No. 4, 2003, pp. 262-268.

Trippl Michaela, "Developing Cross-Border Regional Innovation Systems: Key Factors and Challenges", *Tijdschrift Voor Economische en Sociale Geografie*, Vol. 101, No. 2, 2010, pp. 150-160.

Wei Jiuchang and Liu Yang, "Government Support and Firm Innovation Performance: Empirical Analysis of 343 Innovative Enterprises in China", *Chinese Management Studies*, Vol. 9, No. 1, 2015, pp. 38-55.

Zabala-Iturriagagoitia Jon M., et al., "Regional Innovation Systems: How to Assess Performance", *Regional Studies*, Vol. 41, No. 5, 2007, pp. 661-672.

附 录

附录 A 新区开放式编码过程

附表 A-1 浦东新区开放式编码示例

序号	文本资料	贴标签	概念化	范畴化
1	《浦东新区产业发展"十四五"规划》和《浦东新区促进制造业高质量发展"十四五"规划》双双发布。"十四五"时期，浦东将成为高端产业聚集资源策配置极佳、要素资源配置极佳、开放枢纽功能强劲、引领经济高质量发展的产业高地和国内国际双循环的战略要地。	a1 制造业高质量发展 a2 高端产业聚集引领 a3 科技创新策源显著 a4 要素资源配置极佳 a5 经济高质量发展	AA1 产业聚集（a2） AA2 科技创新（a3） AA3 资源配置（a4） AA4 高质量发展（a1, a4）	A1 产业聚集（AA1, AA4） A2 科技创新（AA2, AA4） A3 资源配置（AA3, AA4）

续表

序号	文本资料	贴标签	概念化	范畴化
2	新华社北京11月11日电……着眼进一步激发市场主体活力,扩大消费和有效投资并举更大释放内需潜力。	a6 激发市场主体活力 a7 扩大消费 a8 有效投资 a9 更大释放内需潜力	AA5 市场活力 (a6) AA6 扩大消费 (a7) AA7 投资 (a8) AA8 释放内需 (a9)	A4 市场活力 (AA5, AA6, AA7, AA8)
3	浦东新区"家门口"服务体系建设是"高效能治理领域"8项17条创新举措之一……这几年来,浦东新区牢牢抓住智能这个牛鼻子,久久为功,持续推进社区治理数字化转型。	a10 "家门口"服务体系建设 a11 智能化 a12 社区治理数字化转型	AA1 产业聚集 (a2) AA2 科技创新 (a3) AA3 资源配置 (a4) AA4 高质量发展 (a1, a4)	A5 服务体系 (AA9) A6 数字化转型 (AA10, AA11)
4	今年6月,全国人大常委会作出了《关于授权上海市人民代表大会及其常务委员会制定浦东新区法规的决定》,这是建立完善法治保障浦东大胆闯、大胆试,自主改相适应的法治保障体系的实施,是改相适应的法治保障体系的实施,是推动浦东法治开放、创新驱动发水平改革开放要更好运用法治力量推动浦东新区高水平改革开放、创新驱动发展等重大国家战略的实施。积极支持上海市人大及其常委会运用好立法授权,根据浦东新区法规,在科技创新、现代城市治理、发展高水平开放型经济、优化市场化法治化国际化营商环境,打造全面建设社会主义现代化国家窗口等方面深化立法探索。	a13 推动高水平改革开放 a14 建立完善法治保障体系 a15 运用法制力量推动体制机制创新 a16 开发开放 a17 创新驱动发展 a18 运用好立法授权 a19 根据战略定位制定法规 a20 科技创新 a21 现代城市治理 a22 发展高水平开放型经济 a23 优化营商环境 a24 深化立法探索	AA5 市场活力 (a6) AA6 扩大消费 (a7) AA7 投资 (a8) AA8 释放内需 (a9)	A7 高水平改革开放 (AA12, AA15, AA2) A8 体制机制创新 (AA14, AA16, AA17)

续表

序号	文本资料	贴标签	概念化	范畴化
5	2021年浦东新区"三区融通""创业带动就业"专项行动启动仪式暨盛大天地科创园区企业专场招聘会落幕……浦东新区"三区融通"专项行动作为2021年浦东新区"三区融通"创业带动就业专项行动仪式指导单位，宣布专项行动启动。盛大（中国）常务副总裁王飞浪先生、浦东新区人力资源和社会保障局就业保障处处长徐浙波先后为活动致辞。王飞浪表示，盛大中国一直以建设高质量的创新生态体系为使命。……	a25 创业带动就业专项行动 a26 建设高质量的创新生态体系 a27 创业孵化基地 a28 帮助小微企业减免房租，帮助创业企业渡过难关	AA9 服务体系建设（a10） AA10 智能化（a11） AA11 数字化转型（a12）	A9 创业生态（AA18—AA21）
6	截至目前，浦东新区生产总值超过1万亿元，居民人均可支配收入首次突破7万元，正在向2万亿元大关和8万元的目标挺进。但在此过程中，浦东新区并未走低水平复制的劳动密集型发展道路，而是向世界一流标准看齐，不管是城市形态规划、重大基础设施规划、产业规划、园区规划，都强调全球标准，包括人才引进等。而浦东新区的实践表明，按照"生产功能、城市功能、生活功能"协调发展的视角出发，从开发开放之初，就从经济增长的视角，机制、政策上，充分保障社会建设与经济增长齐步并重，为满足高端产业、高端人才以及外来人口的生活发展需求，彻底改变了"宁要浦西一间房"的认识，反而在浦东新区工作居住成为人们生活品质化的象征，荣耀和追求。	a29 生产总值 a30 居民人均可支配收入 a31 向世界一流标准看齐 a32 城市形态规划 a33 重大基础设施规划 a34 产业规划 a35 园区规划 a36 人才引进 a37 "生产功能、城市功能、生活功能"协调发展 a38 从体制、机制、政策上，充分保障社会建设与经济增长齐步并重 a39 满足高端产业、高端人才以及外来人口的生活发展需求 a40 生活品质化	AA12 高水平改革开放（a13, a16, a22） AA13 完善法治体系（a14, a18, a24） AA14 体制机制创新（a15） AA15 创新驱动（a17） AA2 科技创新（a20） AA16 城市治理（a21） AA17 营商环境（a23）	A10 经济增长（AA22, AA25） A11 社会建设（AA23, AA24, AA25）

续表

序号	文本资料	贴标签	概念化	范畴化
7	上海外国语大学附属浦东外国语学校作为2016年全国生态文明教育示范学校，生态环境教育是浦东外的七步法的特色项目，学校以国际生态学校项目的七步法开展生态环境教育。将霍尼韦尔公司、浦东气象馆和上海科技教育基地、复旦大学，同济大学、华东师范大学、清华大学长三角研究院等合作共建……	a41 生态文明教育示范学校 a42 国际生态学校项目的七步法 a43 科技教育基地	AA18 创业带动就业（a25） AA19 创新生态孵化（a26） AA20 创业孵化（a27） AA21 帮助创业企业（a28）	A12 推进生态文明（AA26）
8	浦东新区已经驶入人工智能发展的快车道，拥有的雄厚产业基础、丰富的应用场景和集聚的科创资源，是上海人工智能发展整体布局规划的强有力支撑此次和百度开展合作，将借助百度在人工智能领域的技术优势，进一步推动人工智能和实体经济的融合创新，加快浦东及上海产业升级和城市建设……	a44 人工智能发展 a45 雄厚产业基础 a46 丰富的应用场景 a47 集聚的科创资源 a48 人工智能和实体经济的融合创新 a49 产业升级和城市建设	AA22 经济增长（a29, a30, a31） AA23 城市规划（a32, a33, a34, a35） AA24 生活品质化（a36, a39, a40） AA25 社会建设与经济增长并重（a37, a38）	A13 人工智能（AA27） A1 产业聚集（AA1） A14 资源聚集（AA28）

附录 / 205

附表 A-2　两江新区开放性编码示例

序号	文本资料	贴标签	概念化	范畴化
1	10月28日，两江新区发布消息称，位于两江数字经济产业园的博拉网络正式推出AI视觉智能监控技术，可实现服饰识别、高空抛物智能检测识别、区域人侵识别、遗留火灾报警识别、人群聚集识别等。	a1 数字经济产业园 a2 AI视觉智能监控技术	AA1 数字经济（a1） AA2 人工智能监控技术（a2）	A1 数字经济转型（AA1） A2 人工智能（AA2）
2	目前已在两江新区成立SiC芯片设计公司，目标是打造全球一流的SiC IDM公司，形成集芯片设计、制造、封装、测试、系统模块和解决方案等为一体的高技术和高质量的产业链……	a3 芯片设计 a4 芯片设计、制造、封装、测试、系统模块和解决方案 a5 高技术高质量产业链	AA3 芯片产业（a3, a4） AA4 高技术高质量产业链（a4, a5）	A3 产业聚集（AA3, AA4）
3	位于两江新区的金康新能源汽车公司获得了新能源乘用车生产资质，正致力打造以高科技引领的智能电动汽车制造企业。	a6 新能源汽车 a7 高科技引领的智能电动汽车制造企业	AA5 新能源企业（a6） AA6 智能制造企业（a7）	A4 高新企业（AA5, AA6）
4	两江新区近日与阿里云城市大脑总部联手，将依托阿里云城市大脑项目，打造智能城市数字平台项目，全方位助力两江新区在交通、停车、医疗、教育、城市管理等领域实现数字化和智能化转型升级为两江新区打造"城市大脑"……	a8 打造智能城市数字平台项目 a9 交通、停车、医疗、教育、城市管理等领域实现数字化和智能化转型	AA7 智能城市（a8） AA8 数字化和智能化转型升级（a9）	A5 人工智能（AA7） A6 数字化转型（AA8）

续表

序号	文本资料	贴标签	概念化	范畴化
5	2018重庆国际人才创新创业洽谈会（简称"国创会"）将于11月10、11日在重庆悦来国际会议中心举行。两江新区共有218名海内外人才报名参会，占全市参会总人数的三分之一……	a10 国际人才创新创业洽谈会 a11 海内外人才参会	AA9 鼓励创新创业（a10，a11）	A7 创业生态（AA9）
6	记者从"国创会"两江新区引进院士签约活动暨新型智慧城市产业发展报告会上获悉，两江新区与中国工程院院士王国法、中国科学院院士郁正式签约，中国工程院院士将带领科研团队人驻两江新区院士工作站……	a12 "国创会"引进中国工程院院士 a13 院士将带领科研团队人驻两江新区院士工作站	AA10 引进人才人驻（a12，a13）	A8 人才引进（AA10）
7	两江新区坚持高起点、国际化、高端化。未来，重庆理工大学还将与两江新区合作建设两江人工智能国际研究院，两江人工智能培训中心和两江人工智能科技创新孵化园，为两江新区的产业发展提供技术和人才支撑……	a14 建设教育高地 a15 为产业发展提供技术和人才支撑	AA11 发展教育（a14） AA12 人才支撑（a15）	A9 发展教育（AA11，AA12）
8	诺贝尔奖（重庆）二维材料研究院正式落户两江新区。据悉，这是重庆首个二维新材料研发平台项目……	a16 诺贝尔奖（重庆）二维材料研究院落户 a17 二维新材料研发平台项目	AA13 新材料研发（a16，a17）	A10 研发（AA13）
9	重庆首家绿色银行在两江新区成立，将重点支持环保、节能、新能源汽车等绿色产业，推动两江新区及重庆绿色发展……	a18 绿色银行 a19 支持环保、节能、新能源汽车等绿色产业 a20 推动两江新区及重庆绿色发展	AA14 推进绿色产业（a18，a19，a20）	A11 绿色产业（AA14）

附录 B 文本高频词分析结果

附表 B 研究对象高频词

浦东新区高频词	词频	两江新区高频词	词频	江北新区高频词	词频	雄安新区高频词	词频
开放	1022	企业	1922	企业	3025	项目	745
改革	846	项目	1754	项目	2842	企业	352
创新	710	创新	797	创新	1352	资源	331
教育	512	智能化	620	投资	810	京津冀	277
项目	496	合作	575	人才	712	生态环境	270
企业	413	开放	569	高新	614	教育	253
文化	382	投资	535	合作	574	新区规划	238
人才	327	教育	512	教育	573	创新	205
金融	296	高新	455	资源	447	合作	189
高水平改革开放	261	工业	434	医药	424	投资	176
现代化建设引领区	249	生态环境	420	智能化	423	改革	172
全球	237	人才	404	研发	413	治理	168
资源	212	交通	401	交通	403	服务平台	163
交通	201	资源	398	生态环境	391	数字经济	157
合作	188	文化	395	工业	364	交通运输	150
学校	183	大学	342	金融	350	大学	148
治理	172	科学城	322	改革	342	智能	142
市场	167	高质量发展	303	集聚	338	人才	140
大学	152	治理	301	市场	335	金融	136
科技创新	149	研发	300	文化	314	绿色	135
人工智能	146	数字经济	292	高质量发展	314	就业	132
交流	143	科技创新	255	大学	293	文化	129
集聚	137	金融	248	行政	291	交流	124
创业	136	改革	238	自贸区	286	工业	117
投资	133	经开区	236	开放	281	互联网	110
高质量发展	129	协同创新	232	科技创新	278	铁路	103
生态环境	125	互联网	230	创业	266	行政	102
自贸试验区	117	产业链	197	招商	257	高质量发展	97
数字化转型	112	大数据	196	全球	247	污染	93
营商环境	105	市场	185	产业链	231	合作协议	87

续表

浦东新区高频词	词频	两江新区高频词	词频	江北新区高频词	词频	雄安新区高频词	词频
文明实践	97	政务	183	绿色	205	创业	86
法治	93	自贸区	179	外资	183	资金	84
金融城	91	数字化	167	大数据	168	城际铁路	80
贸易	89	集聚	159	治理	160	环保	78
铁路	88	创业	157	营商环境	157	协同发展	77
融媒体	86	铁路	153	产业基础	156	市场	74
外资	82	人工智能	143	互联网	154	开放	73
公共文化	79	绿色	140	数字化	142	全球	67
科学城	78	营商环境	136	就业	138	信息化	65
智能化	74	互联网	135	自主创新	133	大数据	62
创新发展	71	招商	133	高新技术产业	131	区块链	58
研发	63	贸易	131	产业集群	129	高铁	58
互联网	61	航空	124	服务平台	127	政务	52
文明城区	58	智慧城市	120	科技园	125	科技创新	51
改革试点	57	科研	119	工业园区	116	人工智能	50
安全生产	55	产业集群	115	人工智能	112	基础设施	49
产业集群	54	基础设施	113	数字经济	111	智慧城市	48
市场监管	50	"一带一路"	112	区块链	105	通信	48
产业链	48	就业	108	融媒体	103	研发	47
国内国际双循环	47	工业园	102	产业集聚	97	招聘	43